JTのM&A

日本企業が
世界企業に飛躍する
教科書

新貝康司
Yasushi Shingai

日経BP社

はじめに

「新貝さん、大変です。日本経済新聞のＷＥＢサイトに、ＪＴがギャラハー(Gallaher)を買収する記事が大きく載っています。中身も詳細にわたっています」

日本時間二〇〇六年一二月一五日未明、ロンドンに設置したウォールーム（War Room）に待機していた社員からの予期せぬ電話に、私は一瞬でアドレナリンが体内に出たのが分かりました。あと一〇時間程度で発表という矢先のことだったからです。

その日、私はＪＴ本体の取締役兼ＪＴインターナショナル（以下、ＪＴＩ）の副ＣＥＯ(Deputy CEO)として、ロンドンにある弁護士事務所で、買収契約の最終交渉に当たっていました。この日を買収契約締結・発表のターゲットに置き、それまで精力的に買収監査と交渉を行ってきました。

英国上場企業の買収契約書には、英国でのディスクロージャー文書が添付文書として必要となるため、ギャラハー、規制機関である英国TOBパネル、ロンドン証券取引所を相手に開示項目、内容を交渉していた最中でした。当然、東京での適時開示やプレス対応も、ロンドンでの開示を念頭に置いて行う必要がありました。合意した内容と異なる情報が東京で発表されると、TOBパネルからディールを止められてしまいます。報道によって突如、切迫した状況に陥ったのです。

まずは、報道内容のチェックが必要です。それによって対応が変わるからです。日経本紙の報道ぶりも確認したかったため、日本の自宅に電話を入れたところ、

「お父さん。おめでとう」

という娘の声が聞こえました。私はその言葉をさえぎりながら、

「その記事は私たちが発表したものではないんだ」

と対外対応の定型文のような言葉を思わず発していました。記事は大変詳細で精度の高いものでした。どうして情報が漏洩したのか。

東京は突然の報道に驚き、ディールがロンドンで起きているという一番大切なことが頭から飛んでいるかもしれない。ロンドンのチームが東京証券取引所への適時開示

文言などのアナウンスメントを作るしかない。私は、疲れているチームメンバーと弁護士を鼓舞し、ドラフティングを始める一方、東京に連絡をとりました。

案の定、東京は対応に追われ、連絡を取りたい相手がなかなかつかまりません。やっとのことで連絡がつき、「東京の発表で対応を誤るとディールが飛んでしまう」と念を押すと、相手が息を呑むのが分かりました。

「今からこちらの弁護士に英文で書いてもらうから、それで東京での対応を乗り切ってくれ」

と依頼しました。

この戦場のような最終盤を経て、買収契約書に調印したのは、発表のわずか四時間前のことでした。契約書にサインしようとして脳裏に浮かんだことがありました。買収価格の二兆二五〇〇億円を一万円札にしたら、一体どれくらいの量になるのか。一億円ならジュラルミンのケースに一箱で収まるが、二兆円となると想像もつかない。

「そうだ、一〇〇万円の厚さを一㎝として縦に積み上げてみよう」

その高さは二二・五㎞。成層圏まで届くお札の塔です。疲労と睡眠不足の中、あろうことか、このお札の塔が崩れることを妄想していました。

この買収が失敗すれば、JTにとってはこの塔が崩れるのと同じことだ。サインをして終わりではない。統合を成功裏に完了させるまでが自分の役割だ。その責任を全身にずっしりと感じた瞬間でもありました。

買収の成功とは統合の成功です。統合の成功とは、所期の買収目的を果たし、支払った買収プレミアムを超えるシナジーを産み出すことが出来るかどうかにかかっています。一方、我々が海外たばこ事業で行ってきた過去一〇回の買収でも、一つ一つの買収は様相が異なります。買収・統合の成功のための万能な方法論があるとも思えません。しかし、我々が実践してきた型（仕事の規範的な行動様式・約束事のこと）が他の日本企業の海外企業の買収、統合やその後の経営に役に立つのではないかとも考えています。

例えば、ギャラハー買収を成功させるために重要だったことは、その買収契約調印のはるか前にありました。統合作業を行うのは日々仕事を持っている社員一人ひとりです。日々の仕事をしながら統合の負荷を呑み込まねばなりません。この統合負荷を呑み込めなければ、チャンスだと考えて行った買収が裏目に出て、自らの事業と被買収企業の事業は、競争他社から蚕食され、草刈り場になりかねません。こう考えると、体力が弱り、事業実績が落ちている企業が逆転満塁ホームランを狙って買収の挙に出るということは無謀の極みです。

したがって、買収を成功させるためには、買収側の企業に十分な自律成長の勢いがあるか、バリューチェーン上の一つ一つの機能に事業成長を支える能力が備わっているか、自らのビジネスモデルが被買収企業の業績を向上させることができるか、等々の見極めと十分な準備が必要です。さらには、買収後、いかなる経営をしたいのか、ガバナンスはどうするのかについて熟考し、それに基づいて買収後経営の青写真を買収交渉に入る前から準備を始める必要があります。特にガバナンスについては、買収が完了した時点で被買収企業の新経営陣と合意していなければ、その後手を入れていくことは大変難しいものです。

私は大変幸運なことに、二〇〇七年のギャラハーの買収をその計画準備段階から、買収交渉、統合、その後の経営に至るまでをリードするという経験をしました。また、その準備のために、二〇〇一年以降、財務機能の強化も手がけました。本書ではこの経験を基に、ギャラハーの買収、統合、その後の経営、ガバナンスについて紹介したいと思います。また、現在のJTの海外たばこ事業の礎となったRJRナビスコの米国以外のたばこ事業を統括するRJRIの買収（一九九九年）の必然性と、ギャラハー買収のためにこの買収から学習したことにも触れます。

さて、CFO（最高財務責任者）は買収作業にあって要の役職であり、欧米の企業ではBDチーム（Business Development：買収、提携に従事する機能）のヘッドはCFOが行うことが通例です。私は電子工学を専攻し、製造部門からビジネス・キャリアを始めたにもかかわらず、偶然が重なり、財務の仕事に深くコミットすることになりました。二〇〇四年から二〇〇六年まで　JTのCFO兼BDヘッドとして財務機能と買収チームの両方をリードし、また、ギャラハー統合時には、二〇〇八年、〇九年とJTの海外たばこ事業を担う子会社JTIのCFOを兼務しました。

この間、RJRIからギャラハーまでの一連の買収と並行し、財務機能の強化に努めました。その経験を第2部新CFO論で解説しています。この財務機能の強化なくして巨大なグローバル企業を買収し、統合していくことはできなかったと考えています。ギャラハー買収は、一日にしてはならなかったのです。

JTのM&A◉目次

第 1 部

世界で戦う
——M&A戦記

第1章

ＪＴの海外たばこ事業

世界第三位に成長

現在ＪＴは、たばこ事業を中心に、将来的には、医薬・食品事業を次代の柱事業とするべく、この三つの分野に注力しています。社員数は世界で約五万二〇〇〇人、うち半数以上の約二万七〇〇〇人は、海外たばこ事業に従事する外国人です。

二〇一二年三月期の決算以降、財務情報の国際的な比較可能性の向上と、国際的な資本市場における資金調達手段の多様化などを目的として、国際会計基準（ＩＦＲＳ）を任意適用しました。また、二〇一四年からは一二月期決算とし、国内外の決算期を統一しました。

二〇一四年一二月期の連結売上収益（一月〜一二月ベース）は約二兆四三〇〇億円、調整後営業利益は約六六〇〇億円です。海外たばこ事業は、この売上収益の約五五％と調整後営業利益のほぼ三分の二に貢献しています。

海外たばこ事業は、一九九九年の旧ＲＪＲインターナショナル（以下、ＲＪＲＩ）買収、そして二〇〇七年のギャラハー買収といった二度の大型買収と、これらの教訓を活かして二〇〇七年以降におこなった数百億円規模の八度の買収・資本提携を経て、過去一五年間に飛躍的に成長しました。もちろん、その間自律成長の勢いが加速したことも重要なポイントです。なぜなら自律成長の勢いなくして、買収の成功はないからです。

実際、ＲＪＲＩ買収直後のイタリアやトルコでは、市場シェアはそれぞれ僅か四％ないし七％でしたが、ギャラハー買収直前には、それぞれ一二％、一一％に、現在では、二〇％と二九％にまで上昇しています。自律成長の勢いの重要性については後述したいと思います。

ＪＴの海外たばこ事業は、子会社のＪＴＩによって運営されています。この母体は

図表1　グループ全体の利益の3分の2は海外たばこ事業から

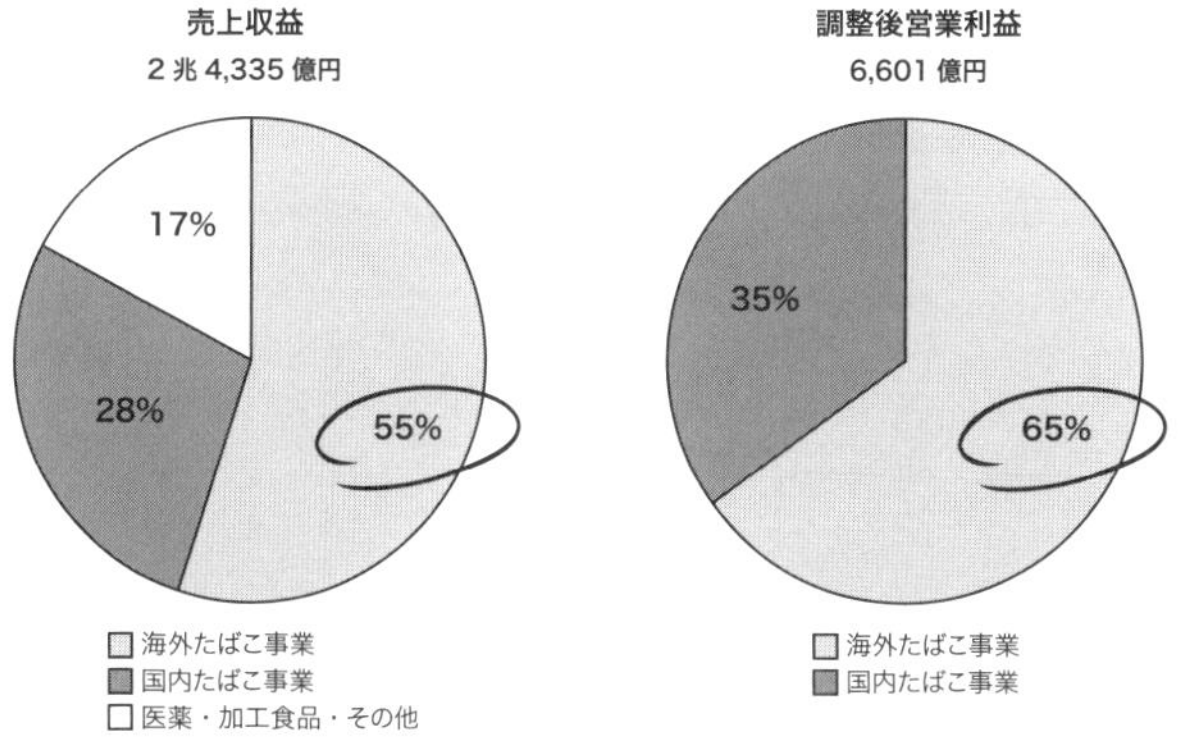

Note: 2014年12月期（1-12月ベース）

海外事業たばこ事業での買収・資本参加

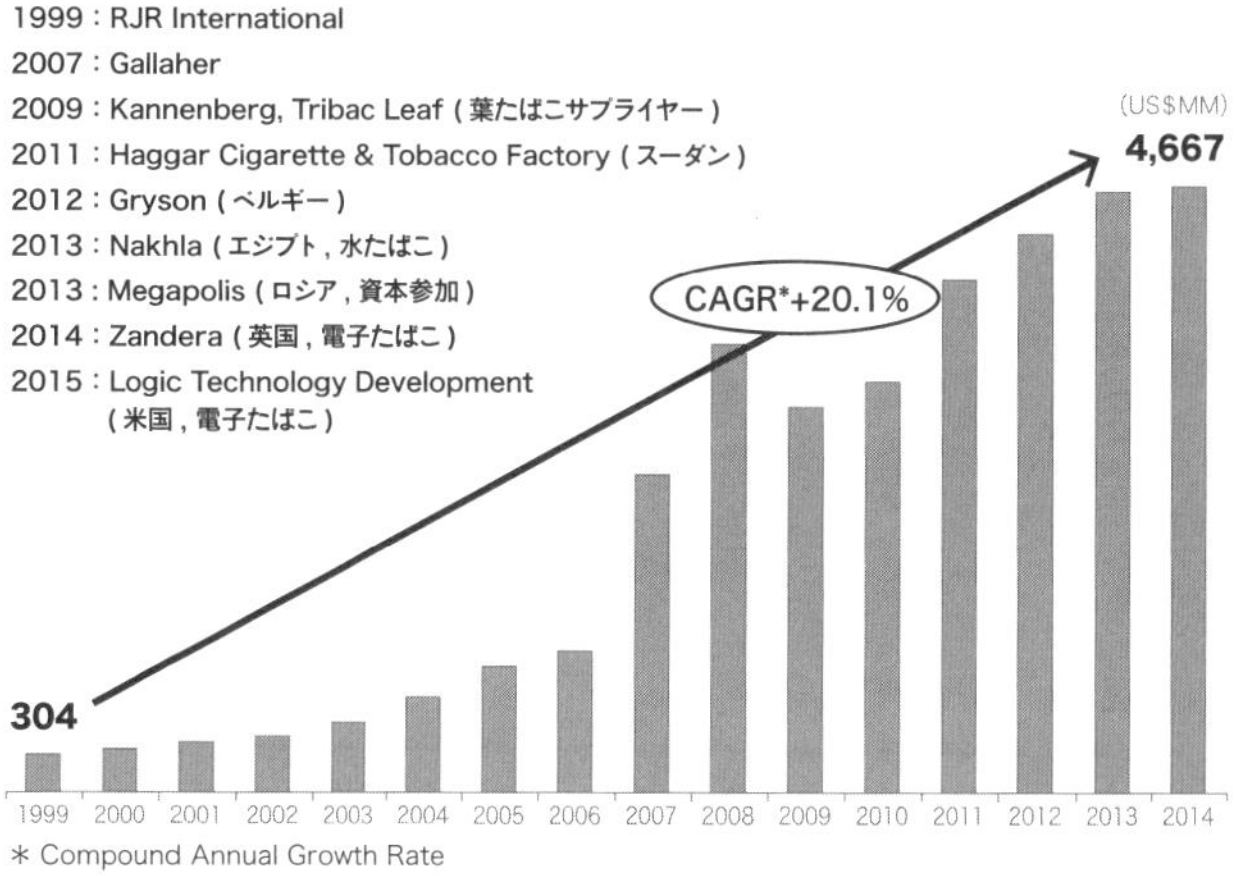

＊ Compound Annual Growth Rate

買収したＲＪＲＩです。ＪＴＩの利益推移を見ると、ＲＪＲＩ買収直後の二〇〇〇年から二〇一四年までの間、ＪＴＩのＥＢＩＴＤＡ（のれん、減価償却前営業利益）は年率約二〇％の成長を遂げました（図表1）。

事業量では、ＲＪＲＩを買収する前には販売数量ベースでの海外比率は、わずか七％程度でしたが、現在では海外比率が約八〇％となりました（国内一二〇一億本、海外四一六四億本）。

グローバルに展開しているたばこ企業ランキングでＪＴグループは、フィリップ・モリス・インターナショナル（ＰＭＩ）、ブリティッシュ・アメリカン・タバコ（ＢＡＴ）に次いで第三位です。ビッグ・スリーの一角を占めています（図表2）。

海外たばこ事業の世界本社はジュネーブ

ＪＴＩの本社、つまり海外たばこ事業の世界本社はスイスのジュネーブにあり、ここから日本と中国以外の世界のすべてのたばこ事業を経営しています。東京のＪＴ本体は、もっぱらガバナンスに特化し、海外たばこ事業については日々の事業運営をし

図表 2　グローバル・シガレットメーカーの再編 (1998 ～ 2008)

◆ 1999 ～ 2004 年にかけて業界再編が加速
◆ PM（1 位）、BAT（2 位）による寡占化
◆ JT は、世界第 3 位のグローバルたばこ会社としての地位を強化し、
トップ・メーカーを狙うための基盤が磐石なものに

1998 年

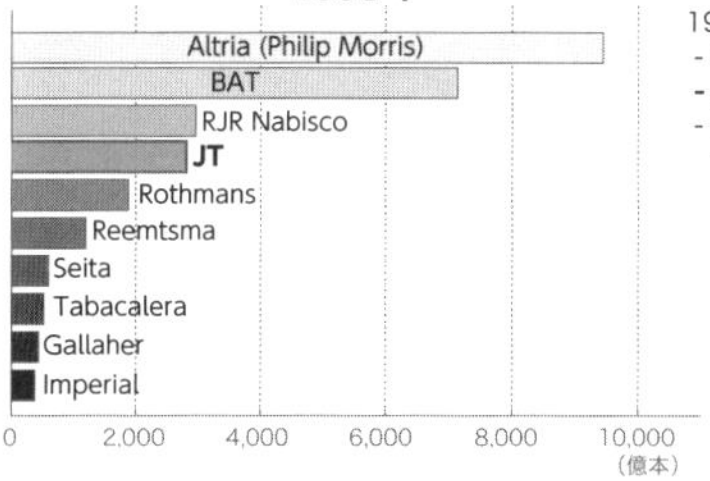

1999 年
- BAT による、Rothmans の買収
- **JT による、RJR International の買収**
- Seita と Tabacalera の合併
→ Altadis の設立

2006 年

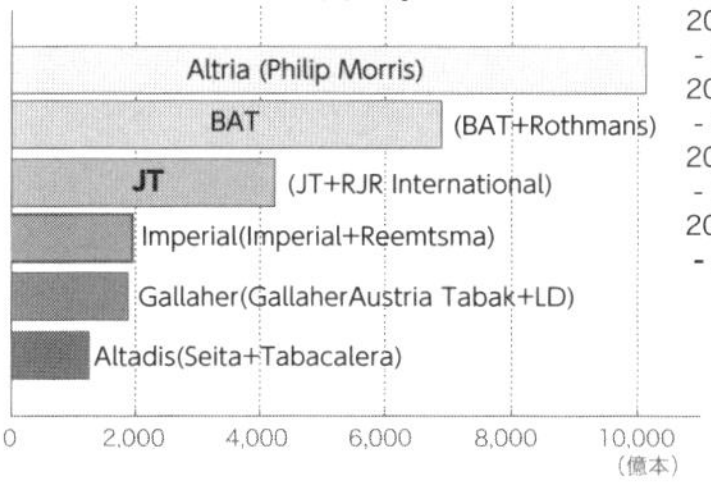

2000 年
- Gallaher による、Liggett-Ducat の買収
2001 年
- Gallaher による、Austria Tabak の買収
2002 年
- Imperial による、Reemtsma の買収
2007 年
- **JT による、Gallaher の買収**

2008 年

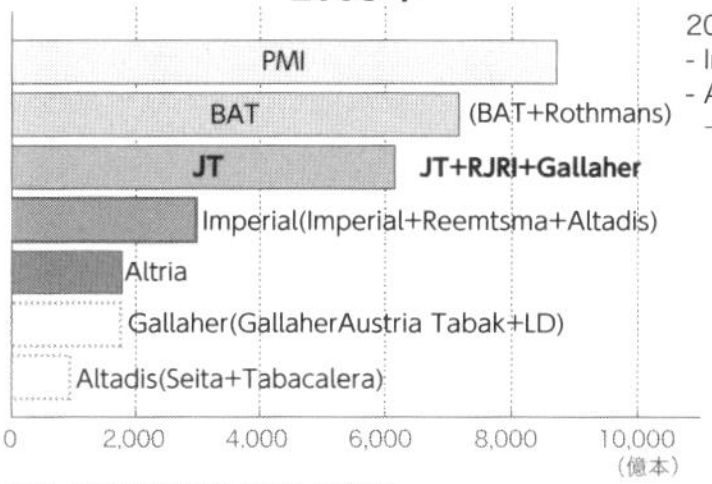

2008 年
- Imperial による、Altadis の買収
- Altria (Philip Morris) の分割
→ PMI（米国以外事業）･Altria（米国事業）

出典：各社事業報告書より JT 作成

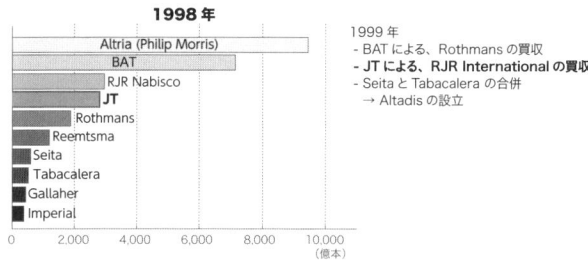

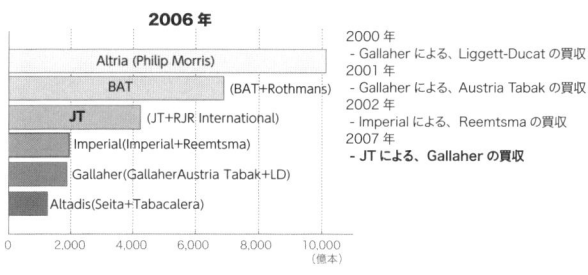

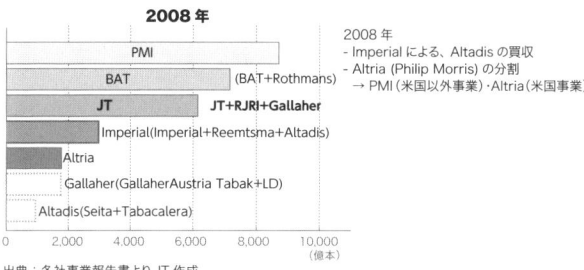

ていません。この点が他の日本のグローバル企業と大いに異なるところです。ＪＴの経営の特徴を一言で表現すると、**適切なガバナンスを前提とした任せる経営**と表現できます。

なぜ本社はジュネーブなのか。最も重要な理由は、有為の人材を引きつけるに適した都市だということです。ある人材コンサルティング会社が、定期的に行っている世界生活環境調査（Quality of Living Survey）で、ジュネーブは永らく上位に位置づけられてきました。ヨーロッパという多様性に富んだ地域に存在することも大切です。さらに、世界本社としての空港へのアクセスが極めて良いことも重要な要素です。

事業成果は人材によってもたらされます。多様な世界市場に出ていってビジネスを成功させるには、多様な知恵を結集させる必要があります。いかにトップノッチの人材を揃えるかが、企業の競争力の源泉となっていると言っても過言ではありません。そのためにどこに本社を置くかが重要になるのです。

さて、結果としてＪＴＩは日本人に過度に依存しない経営を行っています。多様な世界マーケットでビジネスを展開するためにキー人材すべてを日本人でまかなうことは不可能です。加えて、日本人が成長するスピードを、企業グループの成長スピードを決める**律速**にはできません。

特にＪＴの場合には、海外展開するための人材が不足していました。このため二度の大規模買収で有為の人材を獲得してきたのです。いわば、人材面で**貧者の戦略**だったと言えましょう。

ＪＴＩには約一〇〇カ国籍、二万七〇〇〇人の社員がおり、そのうち日本人は約一八〇人に過ぎません。ジュネーブの本社には約九〇〇人、六〇カ国籍以上の社員がいます。役員は一〇カ国籍一七人からなっており、日本人は二人のみです。

以上まとめると、ＪＴのグローバル化の特徴の一つは、**時間を買うM&A**、つまりＲＪＲＩ、ギャラハーといった二度の大規模買収による成長です。ＲＪＲＩ買収はグローバル化のプラットフォームを獲得するため、ギャラハー買収は相互補完性を活かした規模の拡大・地理的拡大等が主目的でした。

二つ目は、海外たばこ事業を担うＪＴＩの世界本社をスイスのジュネーブに置いていることです。

最後は、日本人に過度に依存しないグローバル化であることです。結果として、JTIは大変マルチナショナルで、多様性に富んだ組織です。M&Aは究極の経験者採用です。当初の人材面での不利にもかかわらず、被買収会社へのガバナンスを工夫することで、新たな仲間を真にグループの血肉にして成長してきたと言えます。では、人材面での**貧者の戦略**を適用し、このような多様性に富んだ組織、そして日本国外にある世界本社をどのようにJTはガバナンスし、また、JTIはいかに経営されているのか。次章以降で見ていきましょう。

本章のポイント

- JTグループは、二〇一四年一二月期の連結売上収益二兆四三〇〇億円、調整後営業利益は約六六〇〇億円。利益の三分の二は海外たばこ事業から。
- 国内たばこ市場の成熟化を前に、JTは海外展開をめざしたが、人材が不足していた。そのため、人材面での**貧者の戦略**として**時間を買うM&A**、**究極の経験者採用であるM&A**に取り組み、買収後経営のガバナンスに工夫をこらすことで、RJRIとギャラハーの二度にわたる大型買収によって世界三位のたばこメーカーに成長した。これらの教訓を活かしながら、二〇〇七年以降も、八度にわたり数百億円規模の買収・資本提携を続けている。

- 海外たばこ事業（日本と中国以外）を担うJTインターナショナルは、スイス・ジュネーブに世界本社を置き日々の事業運営を遂行。多様性に富む有為の人材を引きつけ、それを梃子《てこ》に成長している。JT本体はもっぱらガバナンスに特化し、「適切なガバナンスを前提とした任せる経営」に取り組んでいる。

第2章

適切なガバナンスを前提とした任せる経営

会社の価値規範とルールによるガバナンス

「ＪＴは買収した会社のガバナンスをどうやっているのですか？」

最近、日本企業のトップの方々から、こんな質問をよく受けます。日本郵便がオーストラリアの物流企業を六〇〇〇億円で買うなど二〇一五年に入ってからも日本企業による海外企業の大型買収が続いています。買ったはいいが、そのあとの組織統合、ガバナンスをどうするか、事業戦略をどう描くかは、企業にとって悩みの種です。

企業買収に定石や教科書があるわけもなく、どの企業も試行錯誤で取り組むわけですが、全体として成功例は少ないのかもしれません。

日本企業が海外企業の買収で苦労することが多い理由について考えてみます。日本企業の多くが国内の子会社を価値規範やルールに基づいてガバナンスするということを十分に経験してこなかったことが、その背景にあるのではないかと私は考えています。それはＪＴも例外ではありません。

本社の役員経験者をバリューチェーンにある子会社のトップにつけ、親会社と子会社のトップ同士の信頼関係や、あうんの呼吸をベースにガバナンスしてきたのが日本流のやり方でした。そうした方法でやってこれたのは、日本人同士だからでしょう。

この方法には、本社サイドの社員が子会社のＯＢにものが言いにくいという大きな欠点があります。昨今のコーポレート・ガバナンスの観点からすれば、子会社といえども価値規範やルールによるガバナンスであるべきです。国内で子会社ガバナンスの経験に乏しい企業が、買収によって獲得した海外の会社をガバナンスするのは至難の業です。

さて、冒頭の質問への私なりの回答を以下に説明します。

価値規範の中核となる4Sモデル

ＪＴはお客様を中心として、株主、従業員、社会の四者に対する責任を高い次元でバランスよく果たし、四者の満足度を高めていくことを経営理念＝４Ｓ（四つのステークホルダーへのSatisfaction）モデルとして掲げています。

この４Ｓモデルに則り、お客様に新たな価値・満足を提供し、中長期視点から将来の利益成長に向けた事業投資を実行することで、中長期にわたる持続的な利益成長の実現を目指しています。

この４Ｓモデルはいわゆるステークホルダー・モデルと言われるもので、近江商人の「三方良し」の考え方に通じます。最近の株主のみに着目したシェアホルダー・モデルとは一線を画すものです。我々がこの４Ｓモデルを、買収した会社のガバナンスの中核に据えるのには理由があります。それは、ＪＴが行った大型買収対象のＲＪＲＩ、ギャラハー両社が株主からの過度な圧力の結果、企業体力を失っていたからです。

ＲＪＲＩの親会社ＲＪＲナビスコは、著名なプライベート・エクイティ・ファンドであるＫＫＲ（コールバーク・クラビス・ロバーツ）によって一九八九年に二五〇億ドルで、ＬＢＯ（レバレッジド・バイアウト）によって買収され、バランスシートには巨額の有利子負債が残っていました。ＬＢＯとは被買収会社の資産や将来のキャッシュフローを返済原資として買収会社が借入れを起こし、買収後はその借入れを被買収会社のバランスシートに計上させるという買収手法です。

このＬＢＯ劇は『野蛮な来訪者――ＲＪＲナビスコの陥落』（ブライアン・バロー、ジョン・ヘルヤー著、鈴田敦之訳、日本放送出版協会）という書籍に詳述されています。ＲＪＲナビスコのＣＥＯが上昇しない株価に悩み、ＭＢＯ（マネジメント・バイアウト＝経営陣による企業買収）を決断したことがきっかけでした。

借入れ返済のため、その子会社ＲＪＲＩはキャッシュマシーンとして扱われ、本来であれば行うべきブランド・エクイティを維持する販売促進投資や品質維持のための設備投資もままならない状況が約一〇年間続いていました。その結果、品質を落としてでも目先の利益を優先する経営を選択せざるを得なくなり、競争力を落とし、お客様から見放されるという状況に陥っていたのです。かつては、大変高いブランド価値を誇っていたウィンストン、キャメルといった商品の価値が落ちていました。お客様に商品を買っていただいてはじめてビジネスが成り立つにも関わらず、株主からの圧力で消費財メーカーとしての原点が見失われていたのです。

二〇〇七年に買収したギャラハーも同様でした。一九九〇年代前半、たばこ業界のトップメーカーは、収益力にものを言わせ大幅な株主還元を始めました。当然、投資家の他社への株主還元圧力も高まり、グローバル二位以下のメーカーもそれに追従せざるを得なくなったのです。体力があった二位メーカー以外は、本来行うべき研究開発、ブランド価値向上への投資、設備投資を節減し、それで得た原資を株主還元に充当しました。

その結果、資本市場での競争が商品市場での競争力に影響を与え、下位メーカーは商品市場での競争力を失っていったのです。金融資本主義の「ウィナー・テイク・オール」現象が最も早く起きたのは、たばこ業界でした。買収前のギャラハーもその波に呑まれ、株主だけを向いた経営になっていたと言っても過言ではありません。

ＪＴがそれに追従しなくて済んだのは、日本の機関投資家の懐の深さのおかげだったと言えます。おかげで４Ｓモデルに則り、本来やるべきことをしっかり行うことで、買収した会社群を再度、成長軌道に乗せることができたのです。

共有しているＪＴのＤＮＡ

ＲＪＲＩ買収から一五年を経過して、ＪＴＩの経営陣は４Ｓモデルをはじめとする ＪＴから引きついだＤＮＡを大切にしています。このＤＮＡも暗黙知的にガバナンスの機能を果たしていると考えています。私がＪＴＩに在籍した五年間、日々ＪＴＩ役員と対話する機会がありました。その中でＪＴＩがＪＴの何に敬意を払い、どういったＪＴのＤＮＡを取り入れていったのかに気づかされたのでした。

いの一番は、先ほどの経営理念４Ｓモデルです。今では、ＪＴＩのＣＥＯや役員が投資家説明会やマスメディアの取材時に、４Ｓモデルを引用しながら経営を語ります。また、ＪＴＩには自らが作った戦略の五本柱があります。その中の四本が４Ｓモデルにぴったりと合致しています。残り一つは、四本の柱を不断に改善するというものです。

品質へのこだわりも、ＪＴから引き継いだＤＮＡです。ＪＴＩには、「品質を落としてコストを下げることは、やってはいけないことだ」との認識が明確にあります。以前、ＲＪＲＩがやむを得ずやっていたことを大いに反省しています。もちろん過剰品質は御法度ですが、顧客の期待を上回るしっかりとした品質、価値を提供するという思いが根付いています。

現在、ＪＴＩのＣＥＯでＲＪＲＩ出身者であるトーマス・マッコイ（通称トム・マッコイ）がＣＯＯ（最高執行責任者）をしていたときのことです。あるＪＴ役員からの手紙で「葉たばこの調達にあたり、品質を犠牲にして安価な葉たばこを調達しているのではないか」との疑念を持たれたことがありました。トムは、真っ赤な顔をして私のオフィスを訪れ、その思いをぶつけてきました。

「この手紙を見てくれ。これだけ我々が品質を大切に思って仕事をしているのに、そして、それがウィンストンをはじめ我々のブランド再生のキーなのに、未だにこんなふうに我々を見ている人がＪＴにいる。本当に残念だ。我々がＪＴから学んだ最も重要なことの一つが品質へのこだわりなのに……」

そのときのトムとのやりとりは今でも忘れられません。

品質への思いは、ギャラハー出身者も同じです。やるべきではなかったコスト削減を行い、その原資を株主還元に充当していたことへの痛切な反省がギャラハー出身者にはありました。また、新興市場へ進出するために英国市場で得た利益をつぎ込んだことから、発祥の地である英国市場で他社の後塵を拝するようになっていた事態を反省していました。

買収直後、当時の英国の責任者と話したとき、全ての事業強化プランがお蔵入りになり、市場調査すらされていなかったことを聞かされて驚きました。こうした経験があったことから、ギャラハー出身者の品質にかける思いが高まったのです。

「中長期の視点を大切にしながら、短期の成果もしっかりと出す」という経営哲学も、ＪＴＩに受け継がれたＪＴのＤＮＡの一つです。短期志向に走ったＲＪＲＩ時代への反省がありましたが、それ以上に二〇〇〇年に行ったＪＴの思い切った経営判断が大きな影響を与えたと思います。

ＲＪＲＩを買収した直後、ロシアの経済危機が起きました。その影響を受け、ＪＴＩの利益は当初予測を大きく下回る約三億五〇〇〇万ドル程度（ＥＢＩＴＤＡベース）に落ち込みました。そういう厳しい環境の下にあってもＪＴ経営陣は、ＪＴＩのブランド再生のために販売促進投資一億ドルを追加する決断をしました。ＪＴＩ側はその決断に驚きましたが、結果的にその決断は奏功することになりました。その経験から、ＪＴＩ側はＪＴ経営陣に対して敬意の念を感じてくれるようになったのです。

ブランドは信頼の証です。その価値を向上させるには、長期的な視点が欠かせません。品質を改善できたとしても、お客様がそれを認識し、リピーターになってくれるまでには相当のタイムラグがあります。さまざまマーケティング施策を打っても、効果が出てくるまでに時間がかかるのです。事業には中長期的視点が不可欠です。

この他にも、**謙虚さ**や**真摯さ**を持ってビジネスにあたるといったマインドセットも、ＪＴと共に経験したさまざまな事例を通じ、共有してきたと感じています。特に**謙虚さ**については、後述するようにギャラハー買収直後から重要な役割を果たしました。

責任権限の明確化

ＪＴと子会社ＪＴＩとの関係を一言で表現すると、**適切なガバナンスを前提とした任せる経営**であると言えます。そのガバナンスの根幹をなしているルールが、オペレーティング・ガイドラインと呼んでいる責任権限規程です。この責任権限規程にＪＴ本社の承認事項が明記してあり、その範囲内で、親会社ＪＴはＪＴＩに物申すのです。この範囲を越えて、ＪＴＩの箸の上げ下ろしに口を出すことはありません。

ある意味で親会社にとってこういう方法は窮屈に思えますが、反面、判断や責任の所在の曖昧さを防ぐためには大変良い方法だと考えています。実際、ＲＪＲＩ買収直後、東京からジュネーブへ不要不急の情報提供要請や目的が不明確な指示が飛んで、ＪＴＩに大いに迷惑をかけました。

親会社だというだけで「見たい、聞きたい、知りたい、やりたくない」は許されません。一方、子会社ＪＴＩからみると、授権された範囲内のことに本社から横やりが入ったのでは成果責任の所在が不明確になり、経営遂行上の当事者意識を挫き、そればかりか成果が上がらないときには言い訳にも使われてしまいます。

ＲＪＲナビスコ時代の遺産

最初の大型買収であったＲＪＲＩ買収後、ＪＴがこのようなルールに基づくガバナンスができるようになったのは、ある種の幸運に恵まれたからです。ＲＪＲＩは、親会社ＲＪＲナビスコから買収したものでした。前述のようにＬＢＯでＫＫＲに買収されたＲＪＲナビスコのバランスシートには巨額の有利子負債が残っていました。そのため、ＲＪＲナビスコは、キャッシュマシーンであるＲＪＲＩに対して財務面を中心に厳格な責任権限規程を適用していたのです。

これは新たな親会社になる我々にとってある種の朗報でした。明確な責任権限に基づくガバナンスにＲＪＲＩは慣れていたからです。ＲＪＲＩ買収の契約締結後、買収完了までの間、その責任権限規程を雛形にして、ＪＴによる買収後経営の方針に沿う形で新たな責任権限を定めました。

現在のオペレーティング・ガイドラインは、ＪＴとＪＴＩとの関係、ＪＴＩ内部の責任権限の双方を規定しています。そこに記述されている項目は、この規程が扱う責任と範囲の定義、事業計画策定と報告、資本構造の変更、事業の買収と処分、資産取得と処分、財・サービスの調達、新製品の導入や製品改善、マーケティング施策、製品価格と配荷、ＣＳＲ、法務、渉外、人事、会計、財務、税務、監査等々と大変多岐にわたります。

このうち、ＪＴ本社の承認事項は、単年度・中期事業計画（毎年ローリング）、役員人事、役員報酬・賞与、ＫＰＩ（キー・パフォーマンス・インディケーター）、前述のオペレーティング・ガイドラインで規定している項目で一定額以上のもの、またこの責任権限規程自体の改廃等と、これも多岐にわたります。

このように詳細に規定されていることの副作用も考えられます。事業は生き物です。日々変化する事業環境の影響を受けます。責任権限規程が現実に合わなくなったときには、迅速に改訂しなければ事業は息を詰まらせてしまいます。そのため、ＪＴ、ＪＴＩ双方に年二回、その見直しを義務づけています。

さらに、責任権限規程が生き物である事業を支えるための工夫があります。それは

JTIの内部からJT本体による必要なグリップをあぶり出す人事配置です。RJRI買収直後は八人の日本人をRJRIから名称を改めたJTIに送り込み、適切なガバナンスのために何をグリップすべきか発掘・検討しました。その後も現在に至るまで、企画、財務、経営管理機能等の重要部門に日本人を配置し、課題を発掘しつづけています。

さて、このような責任権限のルールを買収会社と被買収会社間で明確にするベストタイミングは、買収完了時です。このタイミングを一旦外してしまうと、後日、合理的にルールを導入するタイミングを見出すことは大変困難です。何事も最初が肝心です。

徹底した経営の見える化（透明性の確保）

適切なガバナンスを前提とした任せる経営に不可欠な要素の一つが、**徹底した経営の見える化**です。これは、意思決定の見える化、経営情報の見える化、さらにJTI

執行から独立した内部監査体制によって支えられています。

意思決定の見える化

意思決定の見える化を電子意思決定システムの活用によって実現しています。JTIでは、役員が世界中を飛び回っているため、定期的に一堂に会する経営会議のような形態で意思決定を行うことは困難です。このため、すべての意思決定は、原則、この電子意思決定システムで行われます。私もJTI時代、出張先や空港での待ち時間にタブレット端末やスマートフォンからこのシステムにアクセスし、決裁していました。

すべての意思決定はこのシステムを通りますから、誰がいつ決めたか分からないような意思決定は起きません。また、外部への何らかのコミットメントに基づき支払いが起きる場合にも、この意思決定がなければ実行されません。こうして意思決定の透明性が確保されています。

さらに、もう一つの意思決定の見える化が、この電子意思決定システムによって可能になっています。それは、最終意思決定者より上席の役職者は、その最終意思決定者が行った意思決定を見ようと思えばすべて見ることができるというものです。

例えば、ＪＴＩのＣＥＯが最終承認者になっている意思決定を、たばこ事業全体を統括しているＪＴの副社長は閲覧することができるのです。その結果、自分の意思決定を見られているＪＴＩのＣＥＯに対して、自らを律して意思決定を行うという効果をもたらします。この相似形が、ＪＴＩ内部でもシステム上つくられており、「見られている効果」が期待できるのです。

経営情報の見える化

経営情報の見える化も**適切なガバナンスを前提とした任せる経営**に重要な要素です。ＪＴとＪＴＩ間では、経営陣がＪＴＩの単年度・中期事業計画に関する議論を年度半ばと年度終わりに二回行います。この前提として、ＪＴの役員が、ＪＴＩの役員と経営判断に資する同レベルの情報を有していることが、議論を実りあるものにするために重要です。そのためには、各国の消費に影響を与える経済指標、税制や規制等のキー・ビジネス・ドライバーや、各国の市場動向、数量ベースや財務計数ベースでの事業計画の進捗をＪＴとＪＴＩ間で共有しておくことが重要です。

これにより、どこで何が起きているのか、そのためにＪＴＩはどういう手を打っているのかを常にＪＴでもモニターしています。ただし、繰り返しになりますが、だからと言って、責任権限を越えて箸の上げ下ろしにＪＴからＪＴＩに口を出すということはありません。

一方、ＪＴＩの内部では、月次で財務計数でパフォーマンスをモニターし、約束した年度の利益を達成するために、年に七回程度関係役員が参加する業績管理委員会で対応策が練られるという、ＰＤＣＡ（ＰＬＡＮ─ＤＯ─ＣＨＥＣＫ─ＡＣＴ）サイクルが回っています。その議論内容も見える化のためにＪＴと共有されています。

私の場合、月次の数量実績や四半期ごとの財務計数報告に加え、週次で主要市場ごとの売上数量をみています。これには各ブランドの一つひとつの商品ラインアップごとに、対年度計画、対前年、場合によって対修正計画での進捗情報が含まれています。

同じく、主要各国での競合会社の動きや、各国の規制、税制変更の動きなどにも眼を配っています。

JTIの執行から独立した内部監査体制

ＪＴＩの内部監査部隊からは、たばこ事業を担当するＪＴの副社長に直接レポートが届く体制になっています。もちろんＪＴＩのＣＥＯをはじめとする役員へもｃｃで届くのですが、あくまでレポートラインはＪＴの副社長です。

年度監査計画は、ＪＴの副社長、ＪＴＩのＣＥＯやＣＦＯへのヒアリングを基に作成され、最後にＪＴ副社長から承認を受けます。この計画に基づき、約三〇人の内部監査メンバーが、各国市場、工場、本社の機能等の監査を行い、指摘事項の発掘と改善への提案を行っています。

監査の仕事は実務に精通する必要があるため、ＪＴＩのビジネスを理解する上で貴重な経験をする場にもなっています。このため積極的に日本からも人材を送り出しています。

本章のポイント

- 個々の企業が有する価値規範とルールによるガバナンスが、買収後経営の鍵だ。
- ＪＴでは、「お客様を中心として、株主、従業員、社会の四者に対する責任を高い次元でバランスよく果たし、四者の満足度を高めていく」という４Ｓモデルと、「品質へのこだわり」、「中長期の視点を大切にしながら短期成果もしっかり出す」、謙虚さ、真摯さ等の価値規範をＪＴとＪＴＩで共有してきた。
- ＪＴと子会社ＪＴＩの関係は、**適切なガバナンスを前提とした任せる経営**である。詳細に定義された責任権限規程にＪＴ本社の承認事項が明記され、その範囲を越えてＪＴが口を出すことはない。この責任権限規程を買収会社と被買収会社で明確にするベストタイミングは買収完了時だ。

- この経営に不可欠なのは、**徹底した経営の見える化**だ。

①意思決定の見える化を電子意思決定システムの活用により実現。これにより意思決定の透明性を確保。誰がいつ決めたか分からないような決定は起きない。さらに、最終意思決定者より上席の役職者は、すべての決定を閲覧確認可能。例えば、JTIのCEO止まりの意思決定でも、たばこ事業を統括するJT本社の副社長は全て閲覧可能。この上席者から**見られている**との効果は、JTI経営陣が自らを律することに貢献している。

②経営情報の見える化。JTとJTIの経営陣は年二回、事業計画について議論するが、それを実のあるものとするために、各国の経済指標、税制や規制、市場動向、事業計画の進捗などの情報は常に共有されている。

③JTIの内部監査結果は、たばこ事業を担当するJT副社長に直接レポートされる。

第3章

JTインターナショナルの経営

多様な人材を梃子に成長

良材を適材適所に配置

JTIは、たばこ事業の地理的拡大戦略を担うとともに、電子たばこのような新しいたばこセグメントでの司令塔の役割を担っています。世界の市場は多様です。それぞれの地域、国、地方で文化、習慣、嗜好、経済力、税制、商習慣が異なり、お客様の行動に大きく影響を与えます。このような多様な市場に対処するには、人材の多様性を梃子に多様な知恵を結集する必要があります。

ＪＴＩには、一〇〇カ国籍もの人材が集い、そこに多様な能力、価値観、発想が掛け合わされ、多様性のルツボになっています。当然、日本人に拘らず良材を適材適所に配置しています。

また、いかなる産業でも、お客様に新たな価値や満足を提供するといったイノベーションなくしては、企業の長期にわたる存続、発展は望めません。イノベーションは多様な人たちの交流から起きます。すなわち異なる分野、専門性を有する人々の発想の組み合わせがその鍵です。多様で多彩な人材を引きつけ、リテンションすることは、イノベーションのための必要条件でもあります。

以上から、二つの例外を除いて日本人も特別扱いはしません。例えば、ＪＴ本体の日本人が、ある空席になったポジションを埋め、即戦力となることを期待される場合にも、ＪＴＩで採用する場合と同じプロセスを経て、その合否を決めます。仮に、ＪＴ本体がある人材を押しつけて成果が上がらなければ、その結果は上司にも類が及ぶからです。

例外の一つは、ＪＴが費用を負担する研修生です。この場合でも、上司の眼鏡にかなわないと研修生として受け入れてもらえません。場合によっては足手まといになるからです。もう一つの例外は、ＪＴからガバナンス目的で人材を送る場合です。この人数は極めて少なく、現在では副ＣＥＯのポジションくらいしかありません。

グローバルに適用する報酬ポリシーとローカルに競争力ある処遇

良材を獲得し定着してもらうために、人材市場における競争力ある処遇を常に目指しています。社内ではＰ７５を目指すというのが、グローバル報酬ポリシーです。これは、同一職務でのベンチマークしている企業群の報酬水準分布において、上位二五％（つまり下位七五％ということでＰ７５と呼んでいます）になるよう報酬を決定することを意味しています。

例えば、法務のヘッドの総報酬／給与を考える際、人材コンサルティング会社から提供される類似企業群での法務のヘッドの総報酬／給与の度数分布から、上位二五％に相当する金額を算定しています。

そのため、各国の人事は、各国のマーケットで支払われている給与・報酬データを常にアップデートし、このグローバルポリシーに合致するよう努力しています。例えば、インフレーションが昂進している国では、一年ごとの給与見直しでは他社と比べ人材市場で競争劣位に陥ってしまう恐れがあり、P75になるよう実態に合った頻繁な見直しが行われます。

ボーナスは会社評価で決定

ところで、多様な人材がいることはプラスばかりではありません。多様さ故に個人の利益にドライブされたスタンドプレーも起きかねません。いかに多様な人材を上手くチームアップするかが肝心です。そのため、一定役職以上の社員のボーナスは、会社評価（一部組織評価を加味）で決めています。一切個人評価を加味しないのです。会社評価のためのKPIや、そのKPIの水準とボーナスの関係（以下、グリッド）は、JTIを成長に導くよう毎年、JTの承認を受けて決定されています。

一方で、昇給、昇格は個人評価によります。昇給は一階層、二階層上の上司による評価でその多寡が決まりますが、昇格はそれぞれの個人を三六〇度的に見て決めています。特に、部長クラスの人事は、ＪＴＩのＣＥＯまでの承認が必要です。高い成果を上げ続ける蓋然性を見るだけでなく、会社が大切にしている価値、企業風土を体現しているかをも重視しているからです。事が昇格ということになると、西郷隆盛が残した次の言葉は、洋の東西を問わず妥当します。

「何程国家に勲労《くんろう》ある共、その職に任《た》えぬ人を官職を以て賞するは善からぬことの第一也。官はその人を選びてこれを授け、功ある者には俸禄を以て賞し、之を愛し置くものぞ」（『西郷南洲翁遺訓』）

研修制度の充実

日本、韓国等東アジアの一部では新卒大量採用が採用の主流ですが、この地域を除くと基本的には経験者採用で即戦力を採用することが通常です。ＪＴＩでも同様で、必要な人材は都度採用をしてきました。ただ、事業成長に伴って多くの人材を採用し、且つ、二〇〇七年四月にギャラハーを買収することで、一気に社員数は約二倍に増加しました。多様性も拡がりました。反面、ある種寄り合い所帯となったのです。社員のＪＴＩに対する求心力・忠誠心を高めるとともに、多様性を活用してより高い成果をめざすために、意識して人材育成に投資する必要に迫られていました。

日本から監査役がＪＴＩを往査したときのことです。最終日のディナーの席上、監査役が当時のＪＴＩのＣＥＯであるピエール・ドゥ・ラボシェールに質問を投げかけました。

「ＪＴＩの強みを一つだけ挙げるとしたら、それは何でしょうか」

ピエールが「数多くある強みの中で何を答えるのがこの場では最良なのか」という表情で私の顔を見たので、

「ＤＩＶＥＲＳＩＴＹ（多様性）」

と私は耳打ちしました。すると彼は、一瞬戸惑った後にその通りに答えたのです。

なるほど、フランス人であった彼にとっては、多様性はあまりに当たり前であったため、強みであることを意識しにくくなっていたのだと思います。しかし、この会話の後、あまりに当たり前になっていることを再度取り上げて、磨き上げる時期に来ていると我々は思うようになりました。

図表３　JTI の研修ポートフォリオ

ジュネーブ本社はリーダーシップ開発に特化し、基礎知識・スキルは各拠点で付与。
参加は上司承認が必須。渇望感を持って参加させることで、研修効果を上げる。

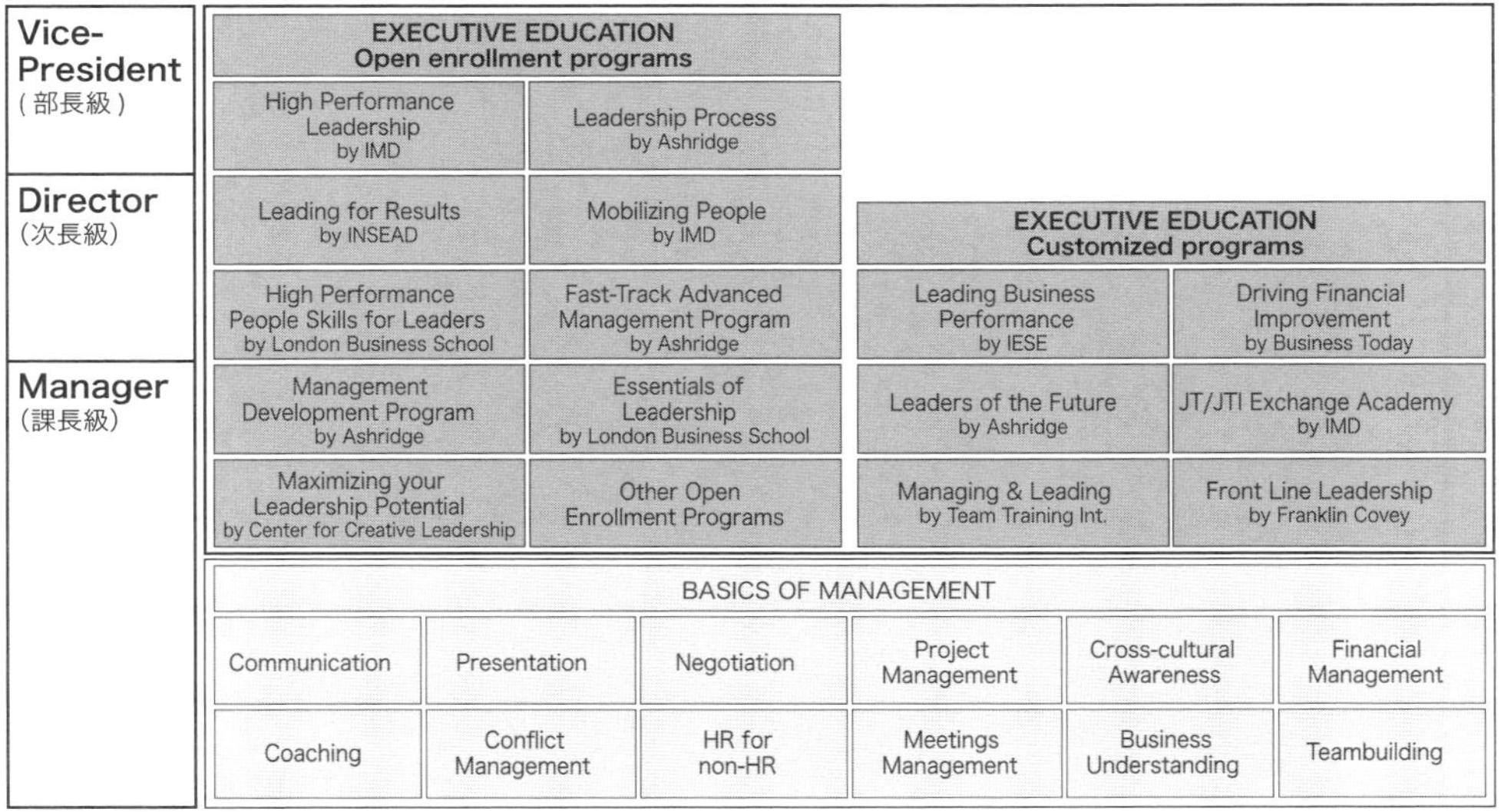

Vice-President
（部長級）
Director
（次長級）
Manager
（課長級）
EXECUTIVE EDUCATION
Open enrollment programs
High Performance Leadership by IMD
Leadership Process by Ashridge
Leading for Results by INSEAD
Mobilizing People by IMD
High Performance People Skills for Leaders by London Business School
Fast-Track Advanced Management Program by Ashridge
Management Development Program by Ashridge
Essentials of Leadership by London Business School
Maximizing your Leadership Potential by Center for Creative Leadership
Other Open Enrollment Programs
EXECUTIVE EDUCATION
Customized programs
Leading Business Performance by IESE
Driving Financial Improvement by Business Today
Leaders of the Future by Ashridge
JT/JTI Exchange Academy by IMD
Managing & Leading by Team Training Int.
Front Line Leadership by Franklin Covey
BASICS OF MANAGEMENT
Communication
Presentation
Negotiation
Project Management
Cross-cultural Awareness
Financial Management
Coaching
Conflict Management
HR for non-HR
Meetings Management
Business Understanding
Teambuilding

現在のＪＴＩの研修カリキュラム体系は図表３のようなものです。試行錯誤をしながら、現在に至っています。ＪＴＩ内部の研修プログラムは大きく二つに分けることができます。管理職社員は、社員をリードし多様性を活用するためのハードスキルとソフトスキルに重点を置いた研修体系としました。より上席になるにつれ、ソフトスキルのウエイトを高くしています。

一方、一般社員は多様性の中で仕事をするために必要なハードスキル習得や異文化を理解するためのカリキュラムに力点を置いています。管理職の研修には、欧州の有力ビジネススクールや指導者のメンタリングに長けたコンサルタントと共同で開発したオーダーメードのものと、ビジネススクールの定型のものを使い分けています。

一方、研修はいつでも誰でも受講できるわけではありません。よく「研修は気づきの場である」と言われますが、そのような贅沢は許されません。ＪＴＩでは**渇望感をもって研修に参加する**ことが求められます。

そのため、希望者は参加する理由を上司に説明、説得し、許可を得て初めて参加できるのです。仕事のパフォーマンスを上げたいのか、自分のキャリアパスを拡げるためなのか、また、そのときの会社のベネフィットは何か、そういったことを明確にする中で、受講者一人ひとりが渇望感を持って研修に臨み、研修効果を上げるようにしています。こういった対話は、評価者である上司との評価目標設定時、評価結果のフィードバック時に主に行っています。

これとは別に、ＪＴとＪＴＩとの間の交流プログラムがあります。**ＪＴ－ＪＴＩエクスチェンジ・アカデミー**と銘打ったプログラムをローザンヌにあるビジネススクールＩＭＤと開発し、二〇〇六年から二年に一回開催しています。約二五人が参加します。これはＪＴとＪＴＩの人材にとっては、ビジネス共通語である英語でチーム課題を完遂することで、多様性の中で仕事をすることを学び、ＪＴＩの人材にとっては親会社ＪＴと日本を理解することにもつながっています。

正直、第一回目のＪＴ－ＪＴＩエクスチェンジ・アカデミーは、私にとって必ずしも満足いくものではありませんでした。この研修終了後のＪＴ、ＪＴＩそれぞれの参加者からのコメントを読んで、両者の差に愕然としたからです。ＪＴＩの参加者からのコメントは、すべてこの研修で得たものをいかに仕事に活かすかについて、宣言とも取れるような内容になっていました。一方、ＪＴ参加者は低い温度感でこの研修がどうあるべきか、何が課題で改善すべきかといった議論に終始していたのです。つまり、一人称で当事者意識をもって発言しているＪＴＩ社員に対し、三人称で単に批評・評論しているＪＴ社員という構図になっていました。反省は、会社として、つまり上司や人事部がＪＴ社員に対して事前に意識づけをし、**渇望感をもって研修に参加する**との準備を怠っていたことでした。

日本企業と欧米企業の長所をブレンド

戦略フレームワークvsベストプラクティス

欧米発のグローバル企業には明確な戦略フレームワークがあります。ミッション、ビジョン、戦略、そして戦略の進捗を測定し、賞与等の報酬に反映させるＫＰＩです。一般的に欧米グローバル企業では、この戦略フレームワーク内であれば、責任権限の範囲で個々の国のオペレーションの方法論をそのヘッドに委ねる傾向があります。

日本発のグローバル企業の傾向としては、むしろオペレーションのベストプラクティスを武器に世界展開してきた歴史から、個々の国のオペレーションに対して、ベストプラクティスの共有に、より軸足をおいてきました。誤解を恐れずに言うと、勢い、箸の上げ下ろしが気になるマイクロマネジメントに陥りがちであったと思います。

これまで、しばしば欧米企業の経営と日本企業の経営は二項対立的に取り上げられてきました。しかし、我々はこの両者を対立構造として考えるのではなく、むしろ弁証法的に止揚し、長所をブレンドしてより高みを目指せないか取り組んでいます。とは言え、初めからそれを明確に意識していた訳ではありません。

一九九九年五月のＲＪＲＩ買収後、ＪＴとＲＪＲＩ改め新生ＪＴＩとの間で、ある種の押し合いへし合いをしているうちに、その機運が芽生えたと言った方がいいと思います。ＲＪＲＩの親会社は米国の企業でしたから、もともと明確な戦略フレーム体系があり、その経営に慣れていました。前述の責任権限規程に基づくＪＴからＪＴＩへのガバナンス、ＪＴＩ内部のガバナンスへ抵抗感が少なかったのはこのためです。

自発的なベストプラクティスの共有

しかし、KKRの傘下で慢性的な投資不足に陥り、ブランドを支える品質にも課題山積のRJRIを立て直すには、特に製造現場でJTからJTIにベストプラクティスを移転する必要がありました。一方、調達・製造・物流を担当しているJTIのGSC（グローバル・サプライチェーン）の幹部からすると、日本式の見える化、改善、5S（整理、整頓、清潔、清掃、しつけ）等々は大変不案内です。やったことがないこと、慣れないことをやらされて成果が上がらなければ、それはJTIのGSC幹部たちの責任になります。最悪、職を失うかもしれないと思うわけです。彼ら彼女らは不安になったことでしょう。そのため、JT、JTI間の机上での議論ではなかなかベストプラクティスの共有への機運が高まりませんでした。

これを打破するため一計を案じ、JTIのGSC幹部にJTの工場を見学してもらいました。JTの製造工場での取り組みとその成果は一目瞭然。百聞は一見に如かず、でした。

「あぁ、こういうことか」

「これなら自分たちも問題なくできる」

その結果、ＪＴＩに自発的にベストプラクティスがシェアされていきました。今ではＪＴＩの人たちはこのベストプラクティスを誰も押し付けられたと思っていません。むしろ、自分たちの意思でベストプラクティスを共有したのだと思っているのです。この点が重要です。人間は自分で決めたことは実行するものです。「自分たちで決めた」と感じてもらうために腐心することの大切さを改めて肝に銘じました。

現在、ＪＴＩの内部でもベストプラクティスの共有が盛んです。世界のマーケットを見ているリージョンヘッドと社内で呼ばれる六人の役員は、自分が見ているマーケット以外で、「これは」というベストプラクティスを見つけると、部下を率いて現地に行き、学習します。これは、営業やマーケティング分野に限りません。あるリージョンヘッドが呼びかけて、後継者の育成のために、ベストプラクティスの共有や課題解決のために議論をするようなケースもあります。

不断の改善

改善は製造現場での品質改善、コスト低減、納期管理や、ホワイトカラーの業務の中でも定型的な業務の効率化には大変親和性の高い手法です。しかし、それだけが改善の効用ではありません。不断の改善の実行は、慢心やおごりを捨てるため、距離を置いて自らを見つめるために有効です。

以前、よくJTIの役員から、

「何故、改善が必要なんだ」

と質問されました。そのたびに、

「人間は完全な存在ではない。必ず間違いをする。だから改善が必要なのだ」

と答えていました。一神教の社員が多い組織では分かりやすい説明だったようです。

ギャラハー買収発表直後の思い出深いエピソードがあります。

二〇〇七年一月にJTIの役員は毎年恒例の役員合宿に臨み、ギャラハー統合にあたって、リーダーとして持つべきマインドセットを議論しました。

「JTがRJRIを買収したときには、RJRIを尊重し、JTのやり方を一方的には押しつけなかった。我々もＪＴがＲＪＲＩに接したようにギャラハーに接するべきだ」

という意見が当時、ＣＯＯのトーマス・マッコイから最初に出され、良いムードで合宿が始まったものの、議論が進むにつれ、買収側の驕りと取れる発言が散見される状態で、一日目が終了してしまったのです。

その日の夜、ＪＴＩのＣＥＯであったピエール・ドゥ・ラボシェールと私はホテルのラウンジでその日の議論を振り返り、翌日の議論のステアリング方針を話し合いました。買収者の驕りを持ったまま統合作業に移行したのでは失敗しかねない。私は危機感を率直に伝え、フランス人の彼にアドバイスしました。

「欧州や米国の人にはなかなか受け入れられないかもしれないが、統合では謙虚さが大切だ。自分たちが傲慢不遜になると何事も上手くいかないものだ。謙虚さを大切にし、その上でそれを促す方法論として不断の改善に取り組むマインドセットが重要ではないか」

「ギャラハーとＪＴＩを統合してシナジーを生み出すには、常に、さらに改善できるのではないかというマインドセットが必要だ。その不断の改善のためには、相手の良いところに目を向け、自分たちはまだまだ不十分だという謙虚さがなければならない」

その後、彼と私は長時間にわたり、いかに不断の改善が日本企業発展の原動力となってきたか、そして、不断の改善の持つ、自らを見つめ直す効用について話し合いました。翌日、会議の冒頭、彼は前日の議論の総括に続いて、この話を切々と訴え、残り二日間の議論の方向が固まりました。

このエピソードには、後日談があります。二〇〇九年五月にトルコのイスタンブールで、マーケットのヘッドや工場長といった、JTIの部長級以上の社員約一五〇人と役員が一同に集う、ラインマネジメント・ミーティングを開催しました。最終日に、JTIトップマネジメントと参加者との質疑応答の場が用意されていました。

ある市場のヘッドが、ピエール・ドゥ・ラボシェールに対して質問をしました。、

「日本企業が親会社になって良かったことは何ですか」

フランス人の彼は一瞬考えた後、こう答えました。

「親会社が米国企業であっても欧州企業であっても、私の辞書に**謙虚さ**という言葉はなかった！」

言うまでもなく、「余の辞書に不可能という文字はない」との言葉を残したと言われるナポレオンを気取ったものでした。この軽妙でフランス人らしいエスプリに富んだ答えに、出席者は笑いながらも共感を覚えたのです。

緊急キャッシュフロー改善策

改善については、日本企業で行われているミドルアップダウンだけではなくて、ＪＴＩではトップダウンでも組織全体に改善課題を提示し、さまざまな取り組みを鼓舞しています。これも例を挙げましょう。

ギャラハー買収後の二〇〇九年夏のことです。会計上の利益は統合計画にしたがって伸びていたものの、フリー・キャッシュフロー（以下、ＦＣＦ）が計画を大きく下回っていました。大規模買収の直後ですから、これでは、有利子負債の返済に支障をきたし、格付けや株価にも悪影響を及ぼしかねない状況です。

ギャラハー統合期間中、ＪＴＩのＣＦＯを兼務していた私は、早速、私の直下の財務機能、各国マーケットを統括している六つのリージョン、ＧＳＣに代表されるファンクションの財務を担当する部長クラスを全員ロンドンに集め、部門横断的なオフサイト・ミーティングを開催しました。

ＦＣＦ管理のためには部門横断的な取り組みが必要なため、このような人選が不可欠でした。このミーティングで、短期面ではＦＣＦを計画線にまで回復する緊急施策の枠組みの立案を行い、中期面ではＦＣＦの予測精度を向上し、その管理のＰＤＣＡを適切に且つタイムリーに回すため、管理対象の選定とプロセス構築の方向性・スケジュールを決めました。その上で、出席者は自部門にこの成果を持ち帰り、まずは短期的なＦＣＦ回復のための改善をそれぞれの部門で実行することになりました。

当然、それをバックアップするため、私や当時のＣＯＯで現在のＣＥＯであるトーマス・マッコイからも取り組みの必要性を説くメッセージを発出し、ミドルの取り組みを応援したのです。

結果は、例えば、ビジネス・サービスセンター（以下、ＢＳＣ）での改善の取り組みに現れました。ＢＳＣは世界で三カ所あります。担当地域にある各国現地法人の会社法上の決算、総勘定元帳作成、連結パッケージ作成、売掛金回収業務、支払い事務、給与支払い、納税等を担当しています。ここで、改善提案や組織成果の見える化に取り組んできましたが、他の改善とともにＦＣＦ改善のための提案や見える化による資金回収と支払いの改善が行われました。その後、部門横断的に多くの提案がなされ、それらを加味し、今ではＦＣＦを適切に管理するための指標、管理プロセスがしっかりと構築されています。

成果への執念

ＪＴＩで仕事をして感心したことに、成果への執念があります。ＪＴＩは大変リアリスティックというかプラグマティックな会社だと言えます。スピードを重視し、成果が出そうであれば見切り発車すらし、細部については走りながらでも詰めます。どんどん前に推し進めていく風土があります。成果に執着する企業文化です。これは大切に継承、発展させなければなりません。

なぜ、このような風土になったのかといえば、多くの新興国でビジネスを展開し、日々例外的な事象に直面してきたからではないかと考えています。また、ＲＪＲナビスコが親会社の時代に、とにかく与えられたキャッシュフロー目標を完遂しなければならない環境下で仕事をしてきたことも一因かもしれません。

しかし、成果さえ上がれば何をやっても良いと言っているわけではありません。これまで述べたように、正しい価値規範、ルールと戦略フレームワーク、そして正しいプロセスは必要です。しかも、価値規範、ルール、成果とプロセスのバランスが重要です。

このバランスを考えるとき、日本人はプロセスをしっかりさせることにあまりにエネルギーを注ぎ過ぎではないかと思うことがあります。細部に至るまで完璧を目指す美意識が強すぎるのかもしれません。確かにこの美意識は日本の長所でもありますが、それだけではビジネスはできないことも肌で感じる必要があります。この成果への執念については、ＪＴ本体がＪＴＩから大変良い刺激を受けてきたと感じています。

役員間の意思疎通とクロス・ファンクショナルな眼が通る意思決定

ＪＴＩはマトリックス組織を採用しています。縦糸に各国市場、横糸には、営業・マーケティング、研究開発、調達・製造といったオペレーショナルなファンクションと、財務・ＩＴ、税務、法務、人事等のコーポレート・ファンクションがあると考えてください。縦糸の市場群を統括する単位をリージョンと呼んでいます。各リージョンには一人の役員がリージョンヘッドとして経営に当たっており、オペレーショナルな各ファンクションにも一人の役員が配置されています。

マトリックス組織は、市場理解の知見を深め、各ファンクションの専門スキルを高めることができる利点があります。一方で、レポートラインが輻輳《ふくそう》しますから、縦糸と横糸のクロス・ファンクショナルな協業は不可欠です。さもないと問題が起きた際には、ときに縦糸と横糸の役員やミドルがお互いを指差し合って責任のなすりあいが起きかねません。また、戦略はできるだけシンプルで分かりやすいものにする必要があります。

役員間の意思疎通と強いリーダーシップ

ＲＪＲＩの買収から一五年が経過し、一七人の役員間の意思疎通は大変良くなりました。オープン・ドア・ポリシーがあるため、役員の部屋は打ち合わせをしていない限り、普段は扉が開いています。何か問題が起きた場合、例えば縦糸の役員は、横糸の役員の部屋に行きます。そこで、

「こんなことが起きているが、どうする？」

「じゃあ、これこれの方針で対処してはどうか」

などとストレートな議論を行い、ほとんどそこで方針を即決します。後は、それぞれ部下の部長クラスを呼ぶか、カンファレンス・コールで方針を伝え、アクションプラン作成を指示するといった日常です。

このように、役員には高いレベルのチーム・スピリットによって、クロス・ファンクショナルに協業するとともに、自分のレポートラインには強いリーダーシップを発揮することが求められます。ともすれば強力なリーダーは、同僚と協力することが苦

手です。そのため、チームワークとリーダーシップはなかなか両立しない資質です。振り返ると、同じ船に誰を乗せるかを試行錯誤しながら、求めている役員構成に近づくまでに、ＲＪＲＩ買収後一〇年程度の時間を要しました。

多様性を息づかせる議論のプロトコルと風通しの良さ

ところで、ＪＴＩのビジネス共通語は英語です。役員が会して討議するときには、議論のプロトコルがあります。それは、誰かが発言しているときには、決して割り込んで話さないというものです。一〇カ国籍一七人の役員の中には、英語を母国語としない人が多くいます。

このため、英語のネイティブスピーカーに有利な偏った議論にならないように注意をしているのです。私は、米国で六年間上場バイオベンチャー企業の社外取締役をした経験があり、米国人同士の白熱した議論の渦中にいたことがあります。なかなか議論の中に入っていけず、また、発言していても割り込まれ、意見を十分に表明できないこともありました。その経験に照らし合わせると、このＪＴＩ役員の議論プロトコルは、多様性を結集し、風通しを良くするために大いに機能していると断言できます。

さて、ここで**風通しの良さ**という言葉を使いました。私はこれを英語では「Productive Tension（建設的な緊張感）」のある関係と呼んでいました。風通しの良さは、単なる仲良しクラブの意味ではありません。

マトリックス組織では、問題が起きると縦糸と横糸との間で一気に緊張感が高まります。この緊張感は、チームワークを壊してしまいかねない、いわば毒のようなものです。なぜなら、一般的な日本企業と異なり、ＪＴＩ社員でもパフォーマンスが落ちれば職の安全保障へ大きな脅威になるからです。自分の責任を棚に上げ、他人に転嫁したい。そういう誘惑にかられます。

平時には良好な関係に見えても、有事に内部でもめているようでは、強い組織とは言えません。有事こそ一枚岩になって課題に対処することが求められます。したがって、緊張状況にあっても建設的な議論のできる関係性が必要です。

このため、成果は常に外部にあること、内部で争っても何も成果にはつながらないこと。その成果を出すために、我々が共に目を向けて洞察しなければならないのがお客様のニーズであり、せめぎ合うべき相手は競争他社である、と他の役員や部長クラスに説き続けてきました。

しかし、Productive Tension のある関係性を作るための近道は、実は、数多くの試練を共に乗り越えることかもしれないと考えています。我々は、ギャラハー買収後、統合作業中にリーマン・ショックを経験しました。為替の大変動、先進各国の景気低迷、失業率の増加に伴う消費低迷、そして財政収入を補うための世界各国でのたばこへの大増税、さらには地政学的リスクの著しい高まりといった、多くの激しい環境変化に直面してきました。

こういった中でも、ギャラハー統合を推し進め、さらにグローバルレベルでJ－SOX法（内部統制の日本版SOX法）を導入するという、試練を数多く経験できたことが、実はProductive Tension のある関係性を作るために大いに役に立ったからです。

クロス・ファンクショナルな眼が通る意思決定

既に、電子意思決定システムの活用によって意思決定の見える化を実現していることを説明しました。この電子意思決定システムにはもう一つの顔があります。それは意思決定過程でクロス・ファンクショナルな眼が通ることです。

個々の意思決定に誰がどの順序で関与するかを規定しているのは、前述した責任権限規程であるオペレーティング・ガイドラインです。意思決定への関与者は、アプルーバーとレビューアーに大別され、アプルーバーには役員が、レビューアーにはその直下の部長クラスが当たります。

案件ごとに個々のレビューアーがその専門性を活かしてコメントを残すと共に、場合によっては修正、再検討を依頼します。こうしてレビューアーの吟味を経たものが、意思決定を承認する立場の役員へ回され、意思決定内容とその説明、さらにそれまでのコメントを勘案して、アプルーバーは、承認、保留、差し戻し、却下のいずれかを選択し、次のアプルーバーに回すようにできています。

オペレーティング・ガイドラインで関与者を規定する際、マトリックス組織の縦糸と横糸でしっかりクロス・ファンクショナルに眼が通るように、ルートを決めているのです。

本章のポイント

- JTIの経営は、多様な人材を梃子に成長を図っている。多様な市場に対処するために多様な人材が必要だからだ。また、イノベーションが異分野の知見の組み合わせから生じることも多様性を重んじる理由である。多様性を確保するために、ガバナンス目的や研修といったごく一部の例外を除き、JT本体からの人材を特別扱いすることもない。
- 多様な良材を確保するため、競争力ある処遇を常にめざし、人材開発にも注力している。

①報酬は、同一職務でベンチマークとする企業群の上位二五％の水準に設定。一定役職以上のボーナスは、スタンドプレーを防止するため、会社評価により決める。昇格は、個人を三六〇度的に見て決定している。

②研修プログラムは二つに分かれる。管理職は多様性ある社員をリードする

ためのソフトスキルに、一般社員は多様性の中で仕事をするのに必要なハードスキルに重点を置いている。いずれにしても渇望感をもって研修に臨めるような意識付けが研修効果を上げるために重要だ。

- JTIは、日本企業と欧米企業の長所をブレンドし、より高みをめざしている。欧米流に戦略フレームワークを設定し、その範囲内は個々の国のヘッドにオペレーションを任せる。その一方で、日本企業に多いベストプラクティスを共有することも推進している。ただし、ベストプラクティスの共有は、押しつけでは実現しない。それぞれの人が自発的に行うようにリードすることが定着の要諦だ。
- JTIはマトリックス組織を採用している。縦糸に各国市場、横糸にオペレーショナルな機能とコーポレートの機能がある。この組織の強みは市場理解と専門知識の高度化にある。一方、レポートラインの輻輳という、この組織形態の弱点を補うために、役員には高いレベルのクロス・ファンクショナル協業と、自分のレポートラインでの強いリーダーシップといった両立することが難しい資質が求められる。

- 多様な知恵を結集するために、誰かが発言しているときには割り込まないという会議のプロトコルや、クロス・ファンクショナルな眼を通る意思決定にも工夫を凝らしてきた。

第4章

なぜM&Aを選択したのか

逆風の中での驚愕の将来予想

急速な円高と関税ゼロ

時間を遡り、JTが海外たばこ事業を拡大させるためにM&A(合併と買収)を用いることになった背景を述べたいと思います。

JTの前身は遠く一九〇四年まで遡ることができます。それ以前は、民間のたばこ会社が覇を争っていました。それに勝利した会社が外資企業BAT(現在世界第二位のたばこ会社)の傘下に入るということも起きました。その後、日露戦争の戦費調達のために専売制度に移行したのです。約八〇年間の専売制を経て、専売公社（ＪＴの前身）が民営化し、日本のたばこ市場が開放されたのは一九八五年のことです。これにより、日本のたばこ市場で、販売での自由競争が始まりました。

私が入社したのは専売公社時代の一九八〇年ですが、そのとき、既に多国籍たばこ企業をベンチマークしたコスト構造への転換、マーケティング戦略等の検討がなされていました。民営化に向けて着々と準備していたのです。

ちょうどＪＴが民営化・会社化した一九八五年、ニューヨークのプラザホテルで先進国の蔵相・中央銀行首脳会議があり、プラザ合意がなされました。それ以降、ドルの切り下げが始まり、それまでの一ドル約二五〇円から、民営化直後の一九八八年にはついに一ドル一二五円程度になってしまいました。

また、一九八七年、米国通商代表部（ＵＳＴＲ）と日本政府との交渉結果、シガレットへの関税率がゼロになりました。これは現在でさえＥＵや米国等先進国でも実施していないことです。ちなみに、当時のＥＵの関税率は九〇％で、ＥＵ市場に輸出モデルで参入することは事実上不可能な状態でした。

一気に二倍になったこの円高と、関税率がゼロになった結果、外国製品の価格は大幅に下がり、ＪＴは激しい競争にさらされ、急激にシェアを失いました。民営化直後のＪＴは大変な逆風下に立たされることになってしまったのです。二割の人員削減を行い、また、マーケティングへ大幅な投資を行い、態勢の立て直しを図りました（図表４）。

ところで、ＪＴにとって民営化は押しつけられたものではなく、永らく自ら望み、待ちに待ったものでした。なぜなら、専売制時代からたばこの商品特性故に、国際化にビジネスチャンスを感じ、一方で、約一〇〇年にもわたり買収合併を繰り返して巨大化した多国籍たばこ企業から脅威を感じていたからです。事業を存続し拡大するためには、自らの手で自らの将来を拓くことのできる、民営化しかないと確信していました。

この状況下でその後の経営戦略を考えるために、ＪＴは一九八八年に将来の国内たばこ事業の事業量（総売上本数）を予測しました。それまでの事業量の推移を基に多変量解析を行い、二〇歳から六〇歳までの人口と一人あたりの名目ＧＤＰといった二

図表４　コスト競争力強化に向けた取り組み：国内たばこ事業

国内たばこ事業においては、1985 年の民営化以降、継続的に合理化を実施

→1998 年以前：総需要は増加するも、関税無税化（1987 年）を機に他社との熾烈なシェア競争に突入

→1998 年以後：総需要が減少する中、将来を見据えたコスト低減施策の実施

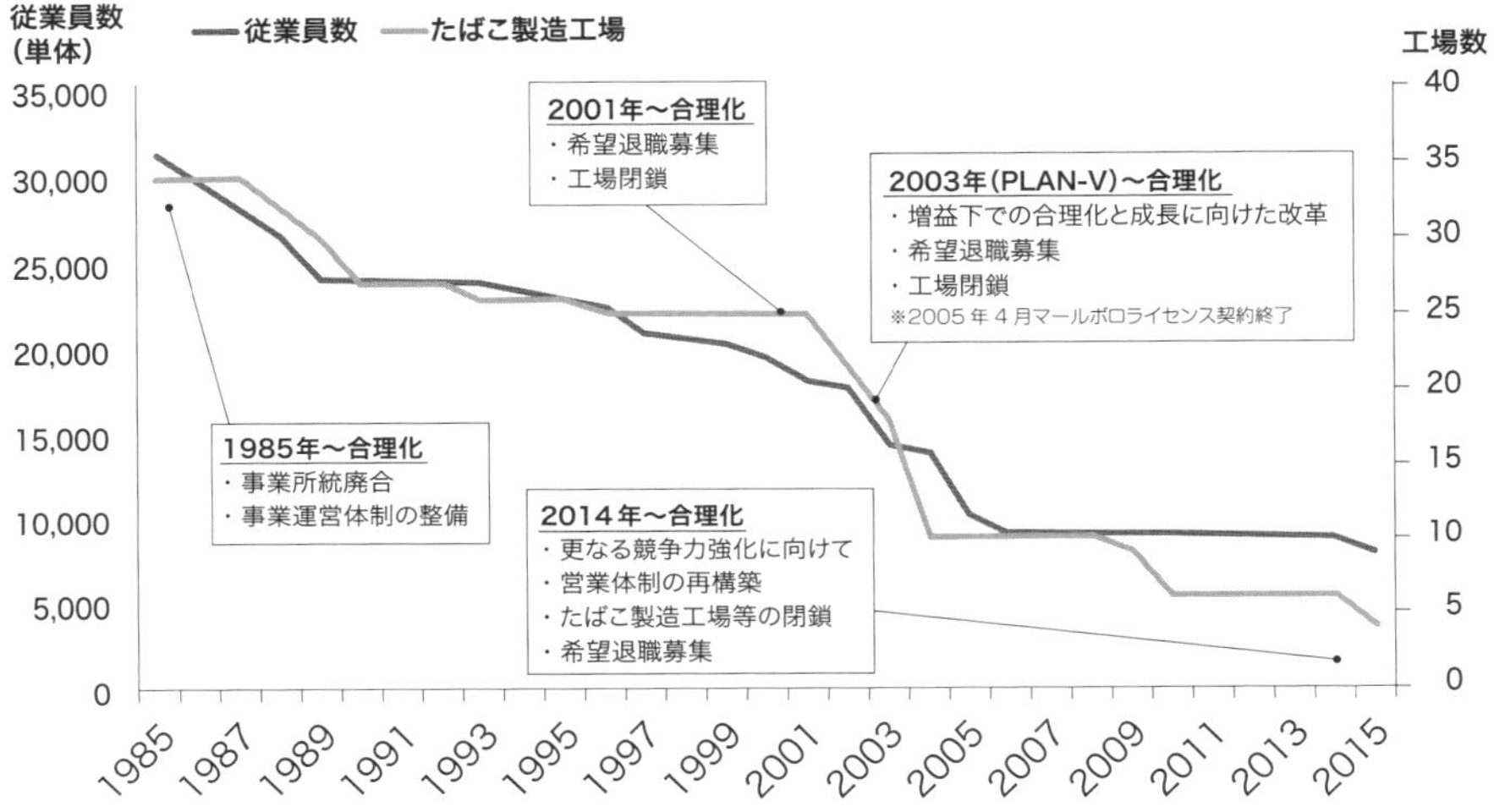

つのパラメーターが、強力な事業量の説明変数であることが分かりました。これを用いた将来シミュレーションは、日本国内のたばこの総売上本数が一〇年後の一九九八年頃にピークアウトすることを示唆していました。一九八八年当時、二〇歳から六〇歳の喫煙率は比較的安定している一方で、六〇歳を超えると喫煙率がかなり落ちることが分かっていたため、言われてみると頭では理解できる結果ではありました。

買収の打診

自らが望んで専売公社から民営化、会社化を果たしたものの、このＪＴの会社化後三年を経過した時点での予測結果は、為替や関税問題と相俟って、当時の経営陣をはじめ社内には相当ショッキングなものであり、大変な危機意識をもたらしました。勢い、取られたものは海外で取り返すといった機運が高まり、長期ビジョンとしてたばこ事業の国際化と新規事業で事業を拡大する方針を打ち出しました。

当時、ＪＴは日本から一〇〇億本程度のたばこを輸出し、海外で販売していました。しかし、約三二〇〇億本規模あった日本市場が縮小していくことや、円高、関税撤廃という強い追い風を受けている多国籍企業とのシェア争いを考えると、ＪＴは海外での売上を早期に伸張させる必要に迫られました。

輸出・現地販売の事業モデルから、各国マーケットでバリューチェーンすべてを有する事業形態へ脱皮することが必須でした。たばこは各国で比較的高い関税がかけられていることが多かったため、事業採算をとるためには、どうしてもその国で調達、製造、販売を内部化せざるを得なかったからです。

一方で、既に先進各国ではたばこの広告宣伝や販売促進に規制が導入されており、ゼロからブランドを立ち上げることが時間的にも投資的にも難しくなっていました。このため、ブランドや有為の人材、製造・販売拠点等の事業のプラットフォームを一気に取得できるＭ＆Ａを海外ビジネス展開の有力ツールとして研究を始めていました。

こうした中で、一九八八年春にＲＪＲナビスコからＪＴに対して、米国以外の海外たばこ事業会社ＲＪＲＩを買わないかという打診があり、私はその検討チームに加わっていました。

数カ月に及ぶさまざまな検討を経て、買収をしないという結論に至りました。このとき、ＲＪＲＩを買収できなかったことは、当時若く血気にはやっていた私には、大変残念なことでした。とはいえ、率直に言って、一九八八年に買収しないと判断したことは正解でした。当時のバランスシートには葉たばこの過剰な在庫が積み上がり、ＪＴは資金繰りのために短期借入を繰り返すといった状況でした。

また、当時の資金調達力、ディールの遂行能力、買収後の経営能力のどれをとっても、買収して経営することはできなかったと思います。ただ、このときにこの検討チームとして主張したブランドを買収することの重要性は色あせることはありませんでした。そのことは、一九九二年のマンチェスターたばこの買収後、身にしみて感じることになりました。

この後、一九八九年七月に私は渡米し、以降七年間にわたり、主に医薬事業にかかわるクロスボーダーの提携に携わり、その間、ナスダックに上場したバイオベンチャーの社外取締役も経験することになります。

逃れられない〝資本の論理〟を痛感

話は横道にそれますが、一九八八年一〇月の出来事です。ＲＪＲナビスコが突如、一七〇億ドル（当時の邦貨換算で二兆二〇〇〇億円）でＭＢＯ（経営陣による企業買収）を発表しました。長らくＲＪＲナビスコは株価低迷に悩み、その対策として、結局この手段に訴えたのです。

しかしその後、複数の対抗買収提案が出され、結局、プライベート・エクイティ・ファンドで有名なＫＫＲが、総額二五〇億ドルでＬＢＯ、つまり被買収会社の資産やキャッシュフローを当てにした資金調達によって買収するという結末になったのです。この価格は、一株当たり一〇八ドルに相当し、それまでの一株三〇ドル台であった株価の約三倍もの買収価格となりました。

ＪＴがＲＪＲＩを買収しないと返答して間もない時期に、このＭＢＯ提案がなされたことは正直、大変な驚きでした。と同時に、同じ業界で起きたこの巨額買収を大変身近なものに感じずにはいられませんでした。会社が誰によって所有されているのか、誰のために存在しているのかを考えさせられる大きなきっかけとなりました。

余談ですが、ＬＢＯ後の経営を担ったＲＪＲナビスコのＣＥＯは、その後、米国ＩＢＭをターンアラウンドさせた立役者ルイス・ガースナー氏です。ＬＢＯの借金を背負わされたＲＪＲナビスコはその後、借入返済のために、デルモンテ等の有名ブランドを切り売りすることになります。また、このＬＢＯがあったからこそ、ＪＴは一連の資産切り売りの動きの中で、いったんは買収を断念したＲＪＲＩを買収することができたとも言えます。それは、このＬＢＯの一一年後である一九九九年のことでした。

一方、米国勤務時代の九二年に、社外取締役を務めていた提携先のバイオベンチャーが米ナスダック市場に上場しました。私は小なりとは言え米国上場企業の取締役として、その経営に参画しました。企業価値・株主価値向上やコーポレート・ガバナンス（企業統治）という、当時日本ではまだ言葉も定着していなかったことに取り組むという、稀有な経験を積むことができたのです。一九八八年の出来事、そして米国時代の経験は、言わば**資本の論理**との出合いだったと言えます。

会社は誰のために存在しているのか

コーポレート・ガバナンスの概念が日本に紹介された一九九〇年代初期には、この概念について「会社は誰のものかに関する議論」などといった記述さえありました。しかし、会社は**誰のもの**ではなく、**誰のために存在しているのか**と記述すべきであったと思います。

株式会社の所有者は、形式上は株主です。しかし、存在意義にかかわる、誰のために存在しているのかと問われたら、株主だけではなく、お客様、取引先、集う人材、社会といったステークホルダー（利害関係者）であると私は答えます。逆説的ですが、長期にわたって継続して株主価値を向上させ続けるためには、この考えに立脚することが必須です。ＪＴが４Ｓモデルを採用している所以です。

経営権をめぐる資本市場での競争

ＫＫＲによるＲＪＲナビスコの買収は、その買収規模の点で大変エポックメーキングでした。しかし、八〇年代後半、米国では比較的安定的にキャッシュフローを生み出す企業が成長ストーリーを描けず、株価が低迷すると、このＬＢＯによって買収されるということが頻発していたのです。もちろん、そのファイナンスを可能とするジャンク・ボンドの登場もこの背景にありました。

このような買収劇をどう見るべきなのか、当時、自問自答しました。得た結論は、「これは、買収提案をされている企業の経営者と、買収ファンドとの間での、経営権を巡る競争である」というものでした。その企業の株主や社外取締役は、どちらがより大きな価値を株主にもたらしてくれるのかを評価し、それにより買収の成否が決まりました。

この頃、株式や債券への投資のかなりの割合は、年金資金でした。現在でもそうだと思います。この資金は、私を含めた一般市民が将来の給付を受けるための年金原資であり、企業や国などが運営する年金の資産なのです。これらが、適正なリターンを求めることは、社会の安定にとっても必要不可欠なことです。

その結果、上場企業は、株主資本コストを上回るＲＯＥ（Return On Equity＝株主資本利益率）を上げ、長期にわたり継続的に株主価値を増大していく責務を負っています。一方で、最終投資家である我々一般市民から負託を受けた年金基金や投資家は、適切な規制を前提に、経営者に対して物申す責務を負っているわけです。これらの事実は大変重く、そのため、上場企業が資本の論理と別世界に住むことはできないと感じたのです。

リーマン・ショック以降、短期間に大きなリターンを求める手法には、大変な批判があります。これは、即ち、短期的にお金がお金を生むような投機的な動きに対して、適正な規制がなされなかったことへの批判でもあります。これら投機、それがもたらす**資本の暴力**と、先ほどの資本の論理とは峻別して考えるべきであるというのが私の考えです。特に、短期的なリターンとして、株価上昇によるキャピタルゲインと株主還元を狙い、戦略、企業体力を度外視した株主還元を求める株主提案を行い、会社の内部留保を簒奪しようとするアクティビストの行動には要注意です。こういった動きは、企業のゴーイング・コンサーンとしての社会的役割、つまり、株主以外のステークホールダーへの役割を著しく制約してしまうからです。

手元現預金五〇〇〇億円を活用する

さて、一九九六年に七年間の米国での仕事を終えて帰国した私は、経営企画部に配属されました。既に一九九四年一〇月にＪＴ株式は東京証券取引所に上場され、資本市場の洗礼を受け始めていた時期です。

帰国して驚いたことがありました。当時、株式時価総額約一兆八〇〇〇億円に対して、バランスシートには手元現預金が五〇〇〇億円余りも積み上がっていたのです。最初にＲＪＲＩ買収を検討した八八年には、現預金が乏しく、買収どころではなかったことを考えると、隔世の感がありました。

自らの手で自らの将来を切り拓きたいＪＴは、一方で完全民営化を強く願っていました。この上場もその第一歩でした。もちろん私も、当時からその考えでした。

しかし、これは大変な自己矛盾に思えたのです。仮に完全民営化したとして何が起きるのか。米国で起きていた資本の論理による経営権を巡る競争、つまり株主価値を上げられない企業が買収の対象となっていくという米国資本市場での競争を見ていた私は、ＪＴもその競争に巻き込まれることになるということを考えずにはいられませんでした。

　上場企業で時価総額一兆八〇〇〇億円、手元現預金五〇〇〇億円の会社が、九〇〇〇億円で五〇%超の株式を握られれば、実質の買収コストは四〇〇〇億円です。もちろん話を単純化するために買収プレミアムやその資金の移動などは捨象した場合の話です。

　一兆八〇〇〇億円の時価総額や五〇〇〇億円の手元現預金ではケタがあまりに大きく臨場感に乏しいため、一兆八〇〇〇億円を一着一八万円の高級ブランドスーツに置き換え、次の話を当時の幹部にして回りました。

「高級ブランドのスーツを買いに行ったとしましょう。値段は一八万円でした。買おうかどうか逡巡していると、半額の九万円でスーツを売ってくれると言うではないですか。『よしっ』と、思い切って買って帰りました。家で再度スーツを着て、手をズボンのポケットに入れたところ、なんと五万円がポケットから出てきました。『九万円でも安いと思ったのに、四万円で買えちゃったよ』。これが、買収者から見たJT買収のコストなんです」と。

ただでさえ、低金利でリターンの薄い五〇〇〇億円の金融資産を、M&Aを活用することで、リターンを生み出す事業資産へと転換すべし、そして、株主資本コストを上回るROE（株主資本利益率）を上げて株主価値を向上させ、資本市場での競争に勝ち抜くべしとの論陣を社内で張り始めたのです。

買収という大型重機で道をつくる「逆転の発想」

一九九六年の帰国後に在籍した経営企画部では、企業体質の強化、企業変革プログラム、中期経営計画の策定などを担当していました。M&Aを事業拡大の手段として活用することを主張したものの、懸念がありました。それは、本社のコーポレート機能、つまり人事、労働、総務、法務、経理、財務、広報といった部門が、M&Aを実行し、統合を実行するため、事業をサポートできるのかどうかといった悩みと懸念でした。それは必ずしも根拠のないことではなかったからです。

一九八九年から一九九六年までの米国勤務時代、バイオベンチャーとの提携で、苦い経験がありました。それは、当時の間接部門（現在のコーポレート部門）が、前例のないことに全くと言っていいほど非協力的だったことです。それどころか、「やれない理由」を発明する天才ぶりをいかんなく発揮していたと言っても過言ではありません。提携に必要な人材の経験者採用を提案したときに人事から示された高いハードルにはあきれました。

また、この提携のためにＪＴと米国のＪＴ子会社が遺伝資源を売買する際、移転価格税制をどうクリアするかについても、当時の税務からは何ら案が示されないばかりか、できない理由しか反応が返ってきませんでした。結局、外部の専門家と二人三脚で知恵出しをする羽目になりました。

また、ＪＴが客員研究員を提携先に送り込む際の社会保険、医療保険についても、当時の関係部門から難題だけが浴びせられるといった有様でした。問題点はあげつらっても解決策を提示しない、そういった状況に、

「間接部門はいったい誰のために存在しているのか」

と大いに憤った記憶が残っていました。当時、間接部門では、自らが事業のために

存在しているのだとの意識は全く希薄でした。唯一の例外は、共に提携交渉に携わり、提携を推し進めてくれた法務部門くらいでした。

この懸念にドライブされて、コーポレートのそれぞれの部門と、そのミッション、顧客、中期的組織目標などを議論することにしました。というのも、この議論を通じて、事業をより強力にサポートするビジネスパートナーへと、コーポレート機能の脱皮を図りたかったからです。しかし、これはお世辞にも成功したとは言えませんでした。ただ、収穫もありました。

一つは「大規模なM＆Aをするとして」などと仮定を基にいくら議論しても、臨場感を持って現実や将来を感じ取れるまでは人は動かないという、人間の性《さが》の再確認でした。そしてもう一つは、その場面が生じれば、この人たちは結構しっかりやってくれるのではないかという、個々の人材が持つ高いポテンシャルを見極めることができたことでした。

その結果、ＪＴはM＆Aを実行するためにコーポレート機能の変革から始めるのではなく、まず成長する現実先行型でM＆Aを始めたのです。これが一九九八〜九九年にかけて行った、海外たばこ事業、医薬事業、食品事業分野での一連の買収です。それは、例えて言うならば、先に道を整備して買収という大型車を通すことは諦め、**買収という建設用大型重機で道を作ってしまう**という逆転の発想でした。これにより、コーポレート機能は「背水の陣」で買収に取り組まざるを得なくなりました。

買収の負荷でコーポレートを強力な事業パートナーへと変貌させる

組織は負荷をかけてこそ強くなる

人の身体はしばらく使わないと、運動神経への刺激がなくなり、関節は硬くなり、筋肉は衰え、機敏に動くことができなくなります。心身ともに活力を持ち、若くあり続けるためには、鍛えねばなりません。組織も同じです。負荷をかけて鍛えることで強くなるのです。

例えば、買収は究極の経験者採用です。それも大量の経験者採用です。一連の買収によって、たちまち人事機能は、その足らざるところを知ることになりました。買収を実りあるものとするため、コーポレート機能は、長らく大きな負荷をかけてこなかった身体をフル回転で動かすことになったのです。

極めつきは、一九九九年のＲＪＲＩの買収でした。コーポレートのどの機能をとっても自らを変革しなければ仕事ができない状態に追い込まれました。特に財務機能は、この買収に伴って資金調達、為替、税務、連結決算、法定開示、インベスター・リレーション（ＩＲ）などで忙殺されました。突然やってきた大きく重い課題を、がっぷり四つの状態で受け止め、対処せざるを得なくなりました。この結果、新しいフェーズに入ったＪＴグループにあって、初めて対処すべき課題を財務機能自らが明確に認識することにもなったのです。

長らく本格的な資金調達をしてこなかったため、調達ノウハウの再構築が必要でした。さらには、クロスボーダーでの潜在的税務問題に取り組む人材の補強、借方・貸方それぞれで現預金と有利子負債が膨らんだ非効率な連結バランスシートの改善、連結決算作業の早期化、ＲＪＲＩが採用している米国会計基準に精通した人材補強、ＩＲ機能の充実、為替管理人材の補強、そして何より英語で新たな仲間である海外とコミュニケートするスキル向上といった具合に、課題山積状態になったのです。

さらに、財務機能のキーメンバーがＲＪＲＩ改めＪＴＩに転勤になったことも、これに拍車をかけました。

方向を共有し共感してもらい、ポテンシャルを引き出すことがリーダーの責務

当時、経営企画部に在籍していた私は、財務機能から見たら部外者でした。しかし、ＲＪＲＩ買収を無事クロージングに導くために、外野から財務機能に対して関与を強めざるを得ませんでした。

格付けの取得作業、ブリッジファイナンス、リファイナンス、日本のタックス・ヘイブン税制に抵触しないための税務検討、海外投資家訪問、財務人材補強のための経験者採用などなど、当座の差し迫った課題を解決するために、財務機能のメンバーと共に、昼夜を分かたず働きました。

この一連の買収で、財務機能自らがその必要性を感じているこのときを逃しては、財務機能のパワーアップは望めないと思いました。外野から声を大にして、当時の財

務機能のリーダーたちやトップマネジメントに働きかけを行ったのです。当然、社内で侃々諤々《かんかんがくがく》の議論になりました。それでも粘り強く働きかけ続けたのです。

なぜなら、個々人のポテンシャルは、そこにあると感じていたからです。そして、目指す方向を示し、それを共有し、共感してもらい、そのポテンシャルを引き出す場を作ることこそリーダーの責務であると考えたからです。

これ以降、私は財務機能の強化に関わり、さらに携わることになります。そしてギャラハー買収を裏で支えるほどに財務機能は変貌を遂げました。この話は、第2部で述べたいと思います。

本章のポイント

- JTが海外たばこ事業拡大のためM&Aを選択した背景には、一九八〇年代の危機感がある。専売公社が民営化され、JTとなった八五年以降、販売競争の自由化された時期に、円の価値が二倍になった円高、シガレット関税撤廃による外国製シガレットの大幅な価格低下といった強烈な逆風と、人口動態に起因する国内たばこ事業量の一〇年後のピークアウトという驚愕の予測に、ＪＴは危機感を募らせた。

- このため、ＪＴはたばこ事業の国際化と新規事業を長期ビジョンとした。国内での事業量低下を取り戻すための早期の海外たばこ事業の拡大には、関税で守られている各国への輸出ではなく、各国内でバリューチェーンを築く形態が必須であった。
- 八八年、ＲＪＲナビスコからＪＴへ海外たばこ事業であるＲＪＲ売却の打診があったものの、その時点では追求できない選択肢であった。打診を断った直後に、ＲＪＲナビスコは、ＭＢＯ提案を発端としてＬＢＯによって買収される。筆者の米国ベンチャー企業社外取締役経験と併せ、逃れられない〝資本の論理〟を痛感させる出来事であった。

- 企業買収にあたり、「企業内の機能を整備し、買収のための道を作る」という正攻法のアプローチが取れない場合には、買収という**大型建設用重機で道を作る**ことで、企業内の諸機能を動員するという逆転の発想もありうる。要は、買収をサポートする機能が、事業のパートナーとして企業買収に取り組めるよう、いかにして**背水の陣**を作るかということである。いずれにしても、人の身体と同じく、組織は負荷をかけてこそ強くなることを忘れてはならない。

第5章

進化するM&A

パイロット買収を経験する

一九八八年に行った国内たばこ市場の将来事業量予測と相前後して、早くもその年、RJRIの買収検討を行ったことは既に述べました。元々、この検討を行ったチームはその直前にギリシャのあるたばこ会社の買収検討を行っていました。これは、国内のたばこ事業での逆風によって失う事業量を取り返すためには時間を買う必要があったためです。早く人材を育てなければならない。工場や海外事業のプラットフォームを自前で立ち上げる時間はない。

この時間的切迫感ゆえに、対象となる比較的小規模な企業を選び、買収検討に入ったのです。成功すれば、小なりとは言え、それまでの輸出・現地販売の事業モデルから、現地で調達から製造、営業・販売にいたるバリューチェーンすべてを有する企業を経営する経験を積めるチャンスだったのです。

しかし、私を含むこのチームは、海外M&Aについては限りなく素人集団でした。ギリシャの投資環境、M&Aにかかわる法制度、対外投資の留意点、財務諸表の吟味、価値評価の方法論、買収プロセス、買収時のリスク評価の方法、契約書の作り方等々を学ぶため、関連本を買いあさっては手当たり次第読むといった状況でした。この作業でデューデリジェンス（買収監査）を行うときのチェックリストを作成し、先方と交渉し、事前にさまざまな情報の入手を試みましたが、先方もこちらの本気度を計りかね、交渉の入り口で膠着状態になっていました。

そんな折、ギリシャのEUへの加盟話が急浮上しました。ギリシャがEUのたばこ税体系に組み込まれるとギリシャのたばこ会社の国内での競争優位が損なわれることは必至です。結局、買収を見送りました。しかし、この経験は後日役に立つかもしれないと考え、このときの作業を総括し、海外企業買収の留意点やデューデリジェンスのリストを含め、レポートに残しました。

私が米国で医薬事業の提携に没頭していた一九九二年、JTは英国のたばこ会社であるマンチェスタータバコを買収しました。目的は、ギリシャのたばこ会社の買収を計画したときと基本は同じでしたが、さらにEUへの足がかりにしたいとの思いもありました。事業規模は小さいものの、バリューチェーンのすべてが揃っていたのです。JTとして初めての海外企業買収であり、海外での事業経験を積むために貴重なプラットフォームとなるパイロット買収でした。ギリシャ案件時の総括レポートが活かされたのです。この買収を後押しし、二〇〇一年に社長になった本田勝彦は、次のように語っています。

「海外進出しない限り、グローバルで勝負しない限り、我々の発展もないという中で、EU対策をどうするか。EUでは関税が九〇％で宣伝もできない。そうすると、地道にいっても時間がかかる。自分たちのブランドでやろうと思ってもできない。そういういろいろなことの中でマンチェスタータバコを買収しようと考えました。もう一つは中に入って経営の勉強をして、人材育成をしなければならないと考えたのです」

（出典　一橋大学大学院国際企業戦略研究科ケース　ICS-111-018-J　二〇一二年二月一日　5頁）

この買収の結果、ＪＴの海外での売上数量は約二〇〇億本とそれまでの二倍以上に増加しました。マンチェスタータバコに、ＣＥＯ、ＣＦＯを送り出し、そしてバリューチェーンの各要素とコーポレート・ファンクションにもＪＴから人を配置し、狙い通り人材育成の器として活用しました。

また、この拠点を活用してＪＴのブランドを欧州に広めるべく活動を開始したのです。ここで経験を積んだ人材のほとんどすべてが、一九九九年のＲＪＲＩ買収後ＪＴＩに行き、統合計画作成、旧ＲＪＲＩのターンアラウンドに力を発揮しました。

しかし、マンチェスタータバコでは、実現できなかったことがありました。それは、ＪＴのブランドを欧州に根付かせるという課題です。欧州各国の広告宣伝規制、販売促進規制下では、ゼロからブランドを立ち上げるには多大な時間、マンチェスタータバコの財務体力を超えた投資、そして知力が必要であることを思い知ることになったのです。とてもマンチェスタータバコだけではやっていけない。さらに、既に受け入れられているブランドがどうしても欲しい。そういった思いを募らせることにもなりました。

RJRI買収

念願のRJRI買収が成就

マンチェスタータバコの買収によりJTの海外たばこ事業は成長したものの、一九九八年時点では約二〇〇億本で頭打ちとなり、全売上数量のわずか七％を占めるに過ぎない状態でした。つまりその時点でも国内たばこ事業がたばこ事業量のほとんど全てであるという状態は続いていていました。

グローバルな主要プレーヤーとなるためには、どうしてもさらに大きなプラットフォームとブランド、そして多くの人材が必要でした。JTは一一年前に買収を断念したRJRIをその後も研究していました。RJRナビスコは、いつの日か有利子負債を減らすためにＲＪＲＩを売却するに違いないと、長年にわたりフォローを続けていたのです。一方でマンチェスターたばこに送り込んだ一〇人余りの人材は着実に経験を積んでいました。

一九九八年一二月、ＲＪＲナビスコはＲＪＲＩを売却することを決定し、ＪＴもオークションに参加しました。世界の名だたるたばこメーカーがほぼすべて参加したのです。各社ともデータルームでの限られた情報を基にデューデリジェンスを行い、最終入札でＪＴが競り落としました。三月九日に契約締結し、ＪＴは七七億九〇〇〇万ドル（邦貨換算で九四二〇億円）でのＲＪＲＩ買収を発表したのです。

買収の目的は、約一〇倍の事業量、ウィンストン、キャメルといったそれぞれ世界第四位、第五位の世界有数のブランドの獲得、工場、営業拠点といった事業拠点、そして人材の獲得でした。これまで述べたようにゼロからブランドを築いていく困難さをも併せ考慮すると、典型的な**時間を買う**買収であったと言うことができます。ＲＪＲＩ買収によって、現在の海外たばこ事業のプラットフォームを構築したのです。

統合計画やＲＪＲＩのターンアラウンドの計画づくりのために、買収発表から買収完了の五月一一日までの間、ＪＴ本体からＪＴＩに出向く最初の八人はジュネーブに飛び、詳細なファクトファインディングを開始しました。

資本市場、メディアからの厳しい意見

この買収は一九九九年当時、日本企業が行った海外企業の買収で最大のものでした。一方、たばこ企業をカバーしている世界中のセルサイド・アナリストほぼ全員が、このＲＪＲＩ売却に高い関心を払って、買い手と買収金額とを予想していました。ところが、ＪＴの提示金額はそれらを上回るものでした。日本では取得した商標権の償却費を損金化できるため、それができない海外の競合他社よりも高い価格づけが可能だったためです。しかし、このことへの理解はなかなか進みませんでした。

アナリストやメディアからは、

「グローバル市場での競争の参加権を得た」

「たばこ業界がグローバルな寡占化に向かっている中で、世界市場である程度のシェアを確保することが、生き残るための必須条件」

などといった肯定的な意見もありましたが、高い買い物をしたという批判や、経営能力へ疑問符は後を絶ちませんでした。

あるアナリストは、買収発表直後、ウォールストリート・ジャーナルからの取材に次のように述べています。

「まず第一に、ＪＴはＲＪＲＩの買収に支払い過ぎたかもしれません。同社は、何年にもわたって利益率の高い日本のたばこ産業を支配してきたことにより、豊富なキャッシュを持っていることで有名です。しかも、ＲＪＲＩをめぐり、フィリップモリスとの競争入札に直面しました。とは言え、七八億米ドルという数字は、六〇億米ドルというアナリスト予想をはるかに超えています。この大幅なプレミアムを正当化できるかどうか判断しかねます」（一九九九年三月一一日付、翻訳は筆者）

また、同じく買収発表直後である三月一一日の日本経済新聞社説では、経営戦略や決断に一定の評価をしつつも、最後に次のような疑問が投げられました。

「買収金額が高すぎるとの見方もある。買収した事業資産の帳簿価格はまだ明らかにされていない。それに、合併によるシナジー（相乗）効果をどう見るかなどの問題もある。このため、買収の評価は簡単にはできないが、買収により、当面、財務内容が悪化するうえ、買収した海外事業の成績いかんでＪＴの経営が大きく左右されることは確かだ。問題は同社の経営陣が海外事業に慣れていないことである。同社の株式の三分の二を日本政府が保有しているため、経営が失敗したら、国民の財産を失うことになる」

このように評価が分かれる状況でしたが、主に海外投資銀行のアナリストによる買収肯定的な評価が海外投資家からの需要を喚起し、株価は買収発表前の三月の一一〇万円（その後、株式を一〇〇〇分割したため現在の一一〇〇円）程度から、八月には一五〇万円（現在の一五〇〇円）程度にまで上昇しました。

しかし、一九九八年のロシア経済危機の影響で、ロシアやＣＩＳ地域のビジネスは、データルームで得た情報開示から比べてもさらに深刻なダメージを受け、九月にはＪＴＩの販売数量の下方修正の可能性を発表し、一一月にはＪＴ連結ベースの利益の下方修正を行わざるを得なくなったのです。このため、一気に強い批判をうけることになりました。

「買収を正当化するために甘い収益見通しを立て、結果的に高い買い物をしたのではないか」

「海外事業のマネジメント能力に対する懸念が広がった」

などと、買収直後の批判が蒸し返され、株価は半値の七六万円（現在の七六〇円）まで急落しました。以前の親会社ＲＪＲナビスコが資本市場の短期的な視点だけで経営を行い、品質、ブランド等への中長期的な投資を怠っていた状態を解消し、ＲＪＲＩをいわば再生するためには、しっかりと事業投資することを買収当初から考えていたＪＴにとって、この状況は大変な逆風になったのです。

逆風の中でも中長期的な視点を堅持した統合計画

一九九九年五月から二〇〇〇年一月までの八カ月間で旧ＲＪＲＩの再生計画を含む統合計画を作成しました。この統合計画を作る際、また、その後の経営にあたって特筆すべきは、ＪＴ流を横に置き、新生ＪＴＩを再生するために何がベストか、ゼロベースで考えたことでした。所詮、ＪＴ流は日本だけを前提としたものです。それが多様な人材による多様な市場での経営に通用するとは到底考えられなかったのです。

統合計画では、長期にわたるフリー・キャッシュフロー創出能力の向上、業務遂行能力の強化を目指しました。統合計画の柱は、次のとおりです。

(一) ブランド価値の最大化と経営資源投入における選択と集中
(二) 組織の効率化のための工場配置の最適化、中間組織の改廃による組織の簡素化、シナジー効果の最大化
(三) 業務プロセスの見直しとERP導入による経営品質の向上と効率化
(四) これらによるシナジー効果の最大発揮

JTIを成長に導くために、KPIとして、EBITA(のれん償却前営業利益)と後述する注力ブランドであるグローバル・フラグシップ・ブランド(GFB)の売上高を設定しました。これは、EBITAだけではRJRI時代のようにマーケティング費用を削減して利益を上げるインセンティブになってしまうことを防止し、注力

しているブランドを伸張させることにドライブをかけたかったからです。

当初の報酬体系は旧ＲＪＲＩのものをほぼ引き継ぎました。日本の報酬体系とその水準では人材を引き留めることは困難でした。また、ＪＴＩの役員は、旧ＲＪＲＩの役員をほぼ引き継ぐとともに、そこに経営戦略立案、ガバナンスと統合のために日本から若干の役員を送りました。

計画の中で最も重要であったのがブランド価値の最大化でした。注力する**ブランド**と**市場**を選択し、そこに資源を集中しました。具体的には、数あるブランドの中から、獲得した「キャメル」「ウィンストン」「セーラム」とＪＴの有力ブランド「マイルドセブン」を選び、これをグローバル・フラグシップ・ブランド（ＧＦＢ）としました。市場では、当時のＪＴＩの販売数量の三分の二、利益の四分の三を占めていた市場群を中核市場としました。

さらに、販売促進投資を一億ドル追加、じっくりとブランドを強化し、中核市場での基盤を固めることにしました。また、ブランド強化には品質改善が必要で、そのために必要な設備投資を行うことにしました。この一億ドルの追加投資は、当時のＪＴ

Iの財務体力や、前述のようなアナリストやメディアから批判を浴びるという大変な逆風を考えると、この買収と統合を率いていた、後にそれぞれ社長となる本田や木村宏の勇断であったと言えます。

というのも、二〇〇〇年一二月期（JTIの年度は一月から一二月の暦年）におけるJTIのEBITDA（のれん、減価償却前営業利益）は、僅か三億三八〇〇万ドルだったからです。この利益に対して一億ドルは大きな金額です。当初の買収目的から一切ぶれず、中長期的な視点で、ブランド価値を高める決断でした。

既に述べたように、買収前のRJRIでは、ブランド、品質、販売促進に対する投資が疎かになっていました。また借入金づけの中、勢い短期的な成果を狙う経営方針は、散弾銃のように撃っては短期に成果が出ないと打ち方止めとなる中途半端なものでした。短期的なキャッシュフローを高めるために、やってはいけないコスト削減、人員削減の連続だったのです。

このため、買収前のRJRI経営陣も自らの仕事に全く満足していませんでした。買収時のCEOで、その後一五年間JTIを率いた前CEOも、買収前の状況を「最

図表5　イタリアでのマーケットシェア推移

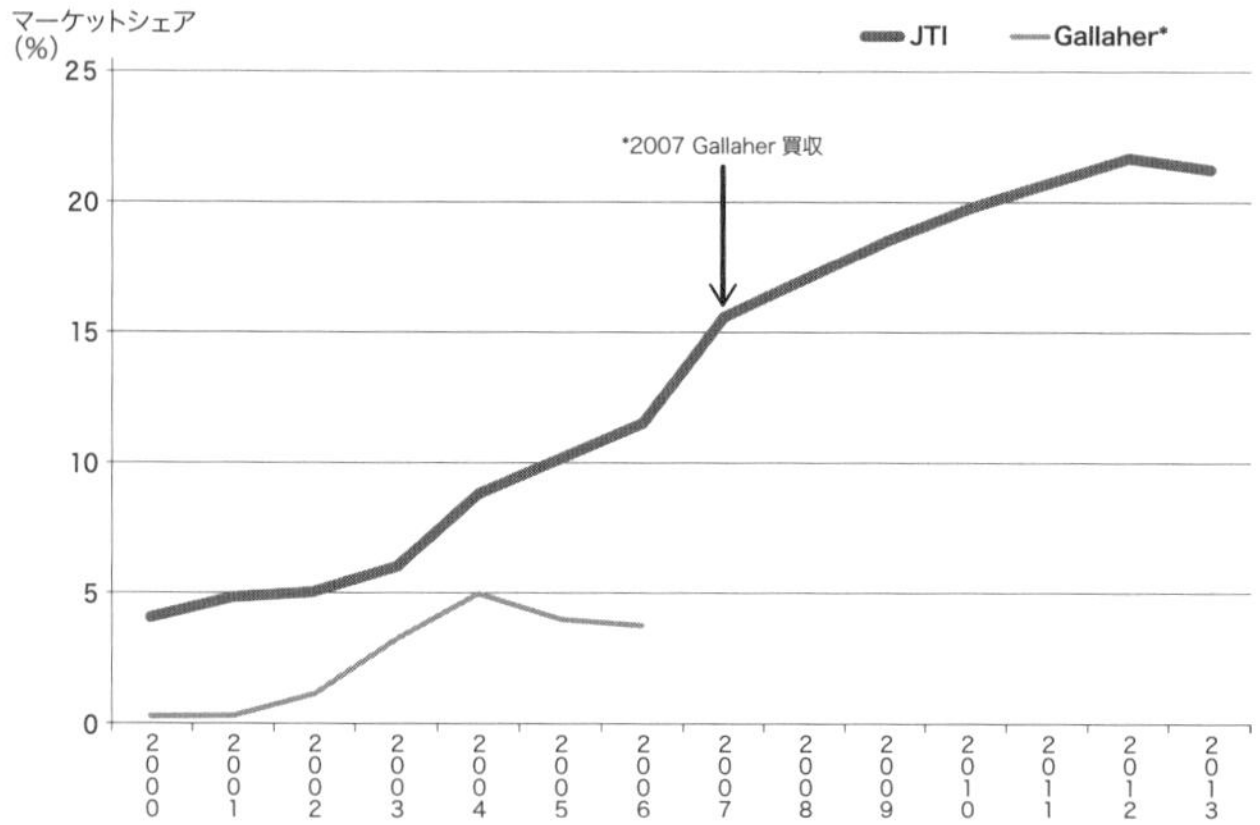

Source: ERC based on trade sources.

悪の数年間を過ごした」と、後に私に述懐しています。

買収後の新しい経営方針は、買収前の親会社のそれとは一八〇度真逆の変更であり、以前ならやりたくとも出来なかった経営でもありました。JTI内部で戸惑いもあったものの、この経営方針が浸透するにつれ、JTIの士気昂揚に大いに貢献しました。

その結果、二〇〇〇年の一月からギャラハー買収の直前の二〇〇六年までの間に、事業量、とりわけGFB数量とEBITDAは順調に成長し、EBITDAは三倍以上の一〇億九〇〇〇万ドルに達しました。市場シェアでも見るべきものがありました。

例えば、成熟市場のイタリアでは、ＲＪＲＩ買収直後四％のシェアだったものが、二〇〇六年には、一二％にまでに成長したのです（図表5）。イタリア市場ではこの実績を基に、映画００7シリーズの一つ、「Ｎｅｖｅｒ ｓａｙ ｎｅｖｅｒ ａｇａｉｎ」がスローガンになったほどです。

また、逆風の中でもＪＴ経営陣が当初の方針を貫いたことで、ＪＴＩ経営陣との信頼感が醸成され強化されていったのです。さらに、ギャラハー買収検討時に、買収統合の負荷をＪＴＩが呑み込めるがどうかを見極める際、この自律成長の勢いが私の背中を押してくれました。

ＲＪＲＩ買収からの教訓

中長期的な視点と経営方針を堅持しながら統合に臨む。ＪＴ流にこだわらずに新ＪＴＩにとっての最良を目指す。これらは、やってよかった教訓です。また、ＲＪＲＩ時代から存在した責任権限規程を上手く活用し、現在の**適切なガバナンスを前提とし**

た任せる経営の原型をこの買収後につくったことも収穫でした。

反省もありました。一番の反省は、事業統合のプロセスにおける人的側面への配慮が足らなかったことです。統合計画を作るために八カ月を要しました。世界中のオペレーションが対象ですから、当時八カ月かかっても仕方がないのではないか、いや八カ月でできれば上出来という思いもあったのは事実です。しかし、一人ひとりの役員、社員の立場に立つと、自分の将来が不安定な時間が八カ月間もあると、将来を思い悩むたびにモチベーションが下がってきます。買収完了は、買収作業よりもさらに困難で、かつ買収会社と被買収会社がもっとも脆弱になる時期の始まりだったのです。

さらに、買収契約時、パフォーマンスの良否にかかわらず標準のボーナスを支払うことが、所与の条件になっていたことも災いしました。振り返って、この標準ボーナスを最低保証した上で、事業計画を上回るパフォーマンスを出した場合には、追加の報償を出すようなインセンティブ設計にすれば良かったと反省しました。これらは、次のギャラハー買収にとって非常に大きな教訓になったと言えます。

本章のポイント

・ＪＴのＭ＆Ａ戦略は、成就はしなかったものの、八八年のギリシャのたばこ企業買収検討以降、次第に進化を遂げた。

① 九二年に、英マンチェスタータバコを買収。規模は小さいもののバリューチェーンを完備しており、関税障壁を乗り越え、ＥＵ域内市場への足掛かりを得た。この会社経営にあたった人材が後のＲＪＲＩ買収でも活躍。一方、広告宣伝、販売促進規制が進む中、強力なブランド獲得が課題として残った。

② 九九年に、米ＲＪＲナビスコから海外たばこ事業ＲＪＲＩを買収。世界中のメジャーたばこ企業が入札に参加した中、ＪＴが約九四〇〇億円で競り落とした。海外に雄飛するためプラットフォーム、ウィンストン、キャメルという有力ブランド、そして人材を獲得。一方、資本市場やメディアからは価格、経営能力について強い批判を受け

たものの、中長期視点を持って経営を立て直すとの初志を貫徹し、RJRI改め新生JTI再生に成功した。

・再生成功の要因は、長中期的視点からしっかりと投資を実行し、RJRI時代の投資不足によるブランド価値低下や品質劣化等を解消し、選択と集中によって、注力ブランド、注力市場を強化したこと。RJRI再生にベストな方策を、日本国内でしか経験を積んでいないJT流にとらわれず、ゼロベースで検討、実行したことも大きい。

・RJRI統合は、**適切なガバナンスを前提とした任せる経営**の原型作りにつながった。反省は、統合計画作りに八カ月も要したことだ。人は自分の将来処遇に関して不安定な時期が長期になるほどモチベーションが下がる。より短期間で統合計画を作るとともに、統合期間中モチベーションが下がらないよう配慮したインセンティブ設計も必要だ。

第6章

ギャラハー買収

ギャラハー買収の背景

市場、ブランド・ポートフォリオ拡充と人材獲得への思い

ＲＪＲＩの買収によって、海外たばこ事業の基本骨格を作りました。しかし、その利益はまだまだ少なく、国内たばこ事業は依然としてＪＴグループ全体の四分の三の利益を産み出していたのです。しかも、国内たばこ市場の総販売数量は、一九八八年に想定していた通り、二〇歳から六〇歳の人口がピークを打った一九九八年を境に減少に転じていました。売上や利益は、必ずしも総販売数量に比例するわけではありま

せんが、改めて一国の市場に大きく依存することの危うさを感じていました。安定的に利益を創出できる市場を一つでも多く増やしたい。これが偽らざる思いでした。

一方、販売促進規制等のたばこへの諸規制は強まりつつあり、新しいブランド育成のハードルは高まっていました。このため、引き続きブランドの買収と、一プラス一を二以上にできる買収を行う必要がありました。幸い、二〇〇四年頃からＲＪＲＩ買収後の統合施策効果が目に見えて現れ、ＪＴＩの成長速度が高まっていました。これなら、買収後の統合負荷を呑み込めるかもしれないとの勢いを感じさせるものでした。

また、事業の順調な成長・拡大に伴い、ＪＴＩのＨＲ（ヒューマン・リソース）機能は、事業を支える人材の採用のために多忙を極め、兵站《へいたん》線が延びきった状態にありました。究極の経験者採用である買収を通じて良材を一気に得たいという思いも強くなっていました。

国内たばこ事業にキャッシュフローを頼るということは、円建てのキャッシュフローに依存することを意味します。つまり、円の価値変化とともに、企業の価値が上下する訳です。円が強くなれば良いのですが、誰も予見はできません。

一方、自らが自らの将来を切り拓くためには、座して円の価値という波間で揺られている訳にはいきません。できれば、バランスのとれた複数のハードカレンシーでのキャッシュフローを産み出すことができる事業体にＪＴを変貌させたいと考えました。それが、企業として環境変化により強くなることに直結すると考えたのです。

ギャラハーＣＥＯとの会談

買収される直前のギャラハーは、シガレット販売数量において世界第五位の会社でした。欧州では、ベンソン＆ヘッジス、シルクカット、旧ソ連のＣＩＳ地域では、ＬＤ、グラマー、ソブラニといった有力ブランドを擁して、欧州主要各国とＣＩＳ地域で高い販売シェアを誇っていました。年々高まる株主からの期待に応えようと、ギャラハー経営陣は利益成長のために新興国での成長を模索する一方、配当、自社株買いといった株主還元にも積極的でした。

しかしながら、高い配当性向を維持し自社株買いを行いつつ、事業投資で利益成長を図るには、ギャラハー経営陣はその企業規模、利益規模が十分ではないと感じ始めていました。二〇〇六年九月に、はじめてギャラハーのCEOであるナイジェル・ノースリッジとCFOのマーク・ロルフに面談したとき、彼らがそのバランスに苦労していることがよく伝わってきました。

「企業価値を上げるには、四つのやり方がある。一つは、当然のことながらしっかり利益成長させること。二つ目は、自社株買いをして一株当たり利益を上げること。他社と一緒になることも一つの方法でしょう。他に、ジョイント・ベンチャーといった手も考えられる」

自問自答するように語るノースリッジCEOの言葉に、耳を傾けました。

「どうして企業価値を上げる話をしたのか」

と私が問うと、ストレートな返事が返ってきました。

「今、我々の投資家、株主からのプレッシャーが大変厳しい。それは、自分たちの事業規模がクリティカル・マス（ビジネスとして持続可能な事業規模）に達していないからです」

この発言の真意は、利益成長するためには投資が必要になるが、一方で資本市場での競争に巻き込まれ、株主還元のために資金を使っていることから、その両者を満たすために必要な利益額（キャッシュフロー）がクリティカル・マスに届いていないということだったのです。

昼食時、ノースリッジCEOは意外なエピソードを開陳してくれました。

「実は、新貝さんに会うのは今回が初めてではありません」

「えっ、私は初対面だと思っていました」

「いや、数年前、私がニューヨークで投資家回りをしていたときに、同じく順番待ちをしている新貝さんを見かけました。その投資家から『日本企業のCFOで初めて戦略を語れる人に会った。だから、もしJTと提携等の交渉をするときは、あの人としなきゃだめだよ』と言われました。だから、今回こうして会えて本当にうれしい」

企業価値を上げるために我々と何か共にできることはないかと、いろいろとアイデアを投げてきたこと、そして友好的な雰囲気を作り出そうとするギャラハーのCEO、CFOの配慮に触れ、私はチャンスだと感じました。昼食を含め長いミーティングでしたが、踏み込んだ議論を行い、会議を終える頃には、ＪＴによる買収も彼らの選択肢の中にあることを確信しました。

買収検討と交渉

「準備に失敗することは、失敗するために準備するようなもの」

買収検討、買収作業で大切なことは、「買収する会社自らが主体的に買収検討、作業を実施すること」です。主体的にとは何かと言えば、普段から事業会社がどの会社が買収対象として戦略的に合致して経済合理性を全うできるのかを検討することです。それまで何の検討もないのに、投資銀行等から持ち込まれてはじめて「魅力的に思えるから検討してみよう」ということではまずいと思います。

実際、ＪＴでも一九九〇年代に、「これはしくじったな」という買収をしてしまいました。当時の失敗事例に共通していることは、対象企業の選択が主体的なプロセスではなかったことです。このため、買収後の統合や経営をどうするかについて、全く準備不足となり、ガバナンスにも苦労しました。

ギャラハー買収検討はもちろん主体的なプロセスでした。買収検討は二〇〇三年末頃から始めました。買収の発表が二〇〇六年一二月ですから、三年間かけて検討したことになります。

当初、対象企業はギャラハーだけではなく複数社でした。対象となる企業が四半期ごとの決算を発表するたびに、それぞれの時点で、「もし我々が買収したらどのような事業体になるのか、どういったシナジーが出るのか」ということを常にシミュレーションしていました。その後、ギャラハーだけに絞り、さらに詳細な買収検討に入ったのです。ここまでの作業は基本的に我々がすべて自ら行いました。

買収検討・交渉の要点は、
（一）買収目的の明確化
（二）対象企業の選択
（三）統合を見据えた企業価値評価＝買収後経営の青写真に基づく企業価値算定

（四）対象企業取締役会の重要関心事の洞察
（五）適切なアドバイザーの活用による買収諸課題の解決
（六）買収を巡る他社の動きのインテリジェンス
の六つです。

さて、ギャラハー買収から統合に至るまでのプロセスにおいて、外部から頂いた助言の一つが「準備に失敗することは、失敗するために準備するようなものだ」との金言です。この金言は、その後、買収のたびにＪＴ、ＪＴＩ内部での合い言葉になりました。

買収目的の明確化はなぜ大切なのか

検討開始から買収発表までの三年間、ＲＪＲＩ後のさらなる大規模買収をなぜするのか、ギャラハーについて言えば、ギャラハー買収の目的は一体何かということを社内で徹底的に議論しました。振り返ると、この議論は大変重要でした。なぜなら、この目的を達成するために越えなければならないハードルが、買収検討・交渉のプロセスでさまざま出てきたからです。

例えば、デューデリジェンスで多くのことがわかってきます。あるいは、買収交渉では、自分たちがパーフェクトな条件をとれる訳ではありません。また、競争法、いわゆる独禁法をクリアするためには、国によっては統合できないため、オペレーションごと売却する、あるいは、ブランド・資産を売却するというリスクがあります。そのような場面に遭遇するたび、常になぜこの買収をしたかったのかということに立ち戻って議論をする必要がありました。

ギャラハーのケースでは起きませんでしたが、買収目的を果たせない蓋然性が高まったときには、買収交渉からの勇気ある撤退も必要です。撤退判断の基軸は、

(一) 買収目的が果たせるか否か

(二) 買収のために支払うプレミアムを超えるシナジーを実現できるか否か

にあります。

なぜギャラハーを選んだのか

ＢＤチームがギャラハー一社に絞ってさらに詳細検討を行うことにしたのは、二〇〇六年七月でした。対象企業を最終スクリーニングした基準は、大きく次の三点でした。

（一）**ブランドと市場の補完性の高さ**

（二）**経済合理性を全うできる蓋然性の高さ。**特に想定される買収価格を全うできる投資余力がＪＴにあるか、十分なシナジーを実現できるかを比較検討しました。

（三）**買収後の円滑な統合実施の蓋然性。**統合を円滑に進めるために、友好的買収が可能か、また、対象企業とＪＴＩの企業文化に親和性があるかどうかを中心に検討しました。

投資余力は手元現預金と借入余力からなりますが、ＪＴの長期債の格付け低下をどこまで容認するかで、変わってきます。

当時、ＢＢＢ格を許容すると巨額の借入が可能でしたが、二〇〇二年秋に経験した債券市場の異変が気になっていました。それまでの債券市場では、債券の条件（発行コスト）さえ折り合えば、新規債券が発行できたのですが、そのときは発行市場が事実上停止したのです。加えて、投資不適格直前のＢＢＢ格とシングルＡ格とのスプレッドが大きく乖離しました。そのため、買収後のＪＴの長期債格付けターゲットをシングルＡ格まで許容することを前提に、買収対象をスクリーニングしました。

買収の目的

ギャラハー買収の目的は、以下の四点でした。

（一）規模の拡大によるスケールメリットの享受

たばこ事業、とりわけシガレット事業は規模の経済を享受できる事業です。買収により、この効果が大きく期待できました。また、それまで第二位メーカーとの差異は大きなものでしたが、この買収により、世界第三位のたばこ会社として地位を強固なものとすることができると考えました。

（二）両社の補完性を活かした競争力強化

ギャラハーは、英国、アイルランド、オーストリア、スウェーデン、カザフスタンにおいて市場シェア一位ないし二位の地位を有していました。JTは日本、台湾、CIS、スペイン、フランス、イタリアで強い。この買収によって、市場シェア一位市場はそれまでの三市場から一一市場へ、市場シェア一位と二位を合わせると一六市場へと飛躍的に増えます。

（三）**技術・インフラの強化**

ギャラハーの有するバージニア・ブレンド製造技術や、かみたばこの一種であるスヌースを含むシガレット以外のたばこ製品製造技術を獲得し、製品ポートフォリオの拡充が可能となりました。また、欧州、CIS地域でのギャラハーの強力な流通インフラを活用することで流通力を強化することができます。

（四）**有為の人材の獲得**

究極の中途採用＝買収による人材獲得によって、成長していた海外たばこ事業を支える人材を大量に採用することを期待したのです。

買収後経営の青写真

ギャラハー買収において、交渉やデューデリジェンス、あるいは競争法の対処を検討する際、何をおいても重要であったことは、企業価値評価であったと思います。ギャラハーは上場企業だったので株価はついていますが、それに加えて、買収するためにはどうしてもプレミアムを払わなくてはなりません。どの程度の買収プレミアムを払えば、ＪＴの株主価値を毀損しないかを考える必要があります。つまり、我々が実現できるシナジーを超えてプレミアムを払うことはできないということです。

したがって、このシナジーが一体どのくらいの金額になるのか、いかにしてシナジーを出すのかが重要です。投資銀行等のファイナンシャル・アドバイザーが通常行なうことは、過去の類似ディールをベンチマークした上で、売上高や利益に対して一定割合のシナジーが出るはずだといったざっくりした計算です。これでは、買収の意思決定すらできません。

ＲＪＲＩの統合計画では主に事業のターンアラウンドに重きを置きました。一方、ギャラハー買収では、業界三位と五位のメーカーの本格的な統合が必要でした。買収後、統合していく市場が世界中にあったのです。個々の市場でどのような統合をするのかをしっかりと詰め、それを定量化しました。

各国市場での本社はどこにおくのか、ブランド配置はどうするのか、営業員や間接人員はどの程度の数か、さらには工場の統廃合に至るまで詳細な事前検討を行いました。中核の市場一つ一つについて、これらの検討を行ったのです。その検討結果を**買収後経営の青写真**と呼んでいます。

これを基に、スタンドアローン価値（買収なかりせばのギャラハーの価値）、コスト低減シナジー、売上増によるシナジー、税務メリットや借入コスト低減等の財務的シナジーを詳細に算定したのです。すべてを印刷すると、四センチ程度の厚さになる大変詳細なスプレッドシートです。この**買収後経営の青写真**は、交渉時に大変重要な役割を果たしました。次にそれを解説します。

交渉の舞台裏

二〇〇六年一一月二八日に東京で行われた交渉の一端を紹介します。交渉参加者は、ギャラハーからは、社外取締役で取締役会会長であり、英国大手小売企業で有名なテスコ社中興の祖として実業界で尊敬されているジョン・ギルダースリーブと、CEOのナイジェル・ノースリッジ、JTからはCEOの木村宏と私の二人でした。

ギルダースリーブ会長が口火をきりました。

「取締役会として最大の関心事は二つ。買収価格と、このディールの成就の蓋然性です」

我々の想定通りでした。株主の負託を受けた取締役会は、資本の論理で判断するため、ある意味ドライです。ディールが確実に成就する見込みがあり、ギャラハーの現在の企業価値（スタンドアローン価値）と、JTが買収によって享受するシナジー価値の一部を加味した相応の価格をつけてくれれば、株主は納得するからです。まず価格の議論になりました。

こちらがぎりぎりストライクかなと思える価格を提示したところ、先方の表情からは明らかに不満の色が読み取れました。我々の提示価格では競合他社が割り込んでくる可能性があることを示唆しながら、先方は価格の引き上げを要求してきました。

「用意周到に理論武装して、しかも痛いところをついてきたな」

私はそう思いました。我々も他社がインターローパー（侵入者）として割り込んでくることは避けなければなりません。また、競争他社によるギャラハー買収の可能性も検討していたため、彼らのロジックを真っ向から否定もできません。互いの考えとその根拠の応酬後、結局、価格の主張に隔たりがあることを理解し、それぞれの言い分と前提をお互いがさらに検討することを約束することで、価格の議論は一旦棚上げとしました。

次に、ディール成就の蓋然性についての議論へと移行しました。その議論を通じ、デューデリジェンスの考え方で合意し、一方、クロージング条件として競争法のクリアランスが今後の交渉の焦点になることが明確になりました。

この交渉を終えた夕刻、ギルダースリーブ会長は次回の交渉で何を議論すべきかの論点を自筆のメモ書きとして私たちに残しました。さすがテスコ中興の祖と称されるだけのことはあります。彼は私より一回り以上年上の六〇代半ばでしたが、交渉を通じて感じられる頭脳の明晰さ、実務能力の高さ、それに加え初対面の我々を引き込むソフトスキルの高さには目を見張るものがありました。

「木村さん、新貝さんが交渉相手でよかった」

と、会議終了時に次の交渉につながる良い雰囲気作りも忘れませんでした。

買収後経営の青写真に基づき、ＪＴの取締役会から全権を委任されている私たちは、この交渉で自らのポジションを大変明確に表明することができました。また、交渉過程で対立が先鋭化しそうになったときに「懸念を共有してともに解決しないか」と提案したことも、互いの信頼構築につながりました。

交渉を終え部屋を出る直前、ギルダースリーブ会長から夕食を共にしたいとの提案がありました。交渉後、それぞれ社内で議論することもあろうかと、夕食会をセットしていなかったのです。あいにく木村はその日、どうしても断れない先約があったため、私が一人で夕食をともにすることになりました。「これは価格交渉になるな」という予感がしたため、木村と価格について相談し、かなりの金額までの授権を求めました。

「一株あたり〇〇ぐらいまでなら、その場で首を縦に振りますね」

木村は躊躇なく、

「そうか、分かった。それで良い。後はまかせた」

と私に大きな裁量を与えてくれました。

芝公園にあるフランス料理店の個室での夕食は、案の定、価格交渉になりました。切り出したのは、やはりギルダースリーブ会長でした。

「取締役会で多数の賛成を得るためには、昼間に提示された金額では私は説得する自信がない。期待している金額に若干足らない」

と述べ、具体的な一株あたりの金額を提案してきました。幸いなことに、それは昼間に我々がぎりぎりストライクゾーンではないかと考えて示した金額とそう大きく乖離はしていませんでした。

彼は極めて直截的で、提案金額の根拠や背景といった私の質問に対しても、しっかりと答えてくれました。**買収後経営の青写真**に則って判断すれば、その金額によって支払うプレミアムは、大変保守的に算定していたシナジー（ほとんどがコスト低減シナジーで構成）の五〇%を若干下回るもので、しかも授権上限よりも低いものでした。

「いいでしょう」

この金額を受諾する説明責任を十分果たせると考えた私がそう答えると、彼の顔がみるみるうちに明るくなりました。

「良かった。これで話が前へ進む」

買収の大枠合意がなされた瞬間でした。今後の交渉が加速していく手応えを感じ取ることができたものの、残念ながらフランス料理を楽しむことはできませんでした。何を食べたのかも覚えていません。

ところで、交渉でピアプレッシャーほど怖いものはありません。予めしっかり授権をもらっておくことが肝要です。木村が私を信頼し授権してくれた余裕のある金額上限のおかげで、高い交渉当事者能力を相手に示すことができ、その後の交渉に向けての信頼関係構築につながりました。木村には感謝しています。

このあとは和やかに日本文化の話になりました。

「新貝さん、日本人を知るには何を読めばいいですか」

「新渡戸稲造の『武士道』はいかがですか。もともと外国人向けに英語で書かれた本ですから、いい端緒になると思いますよ」

ギルダースリーブ会長とノースリッジCEOの二人は早速、成田空港の書店で『武士道』を買って帰ったそうです。後日、ロンドンにあるギャラハーの本社を訪問すると、どの役員の部屋にも『武士道』が置いてありました。

買収までのハードル

以上をまとめましょう。ギャラハーは英国上場企業でしたが、取締役会が買収を承認するためには、買収価格と、ディールが本当に成就するかどうかの見極めがクリティカルな要素でした。これが英国上場企業の取締役会にとっては二大関心事です。価格は、資本の論理で折り合います。買収を受諾しないで自律的に達成できる企業価値との比較で決まるからです。

ディール成就の蓋然性については、さらに二つの要素に分解できます。一つは競争法上の制約をどこまで契約条件に入れるかです。この買収では、EUを一カ国とみなしても、一〇カ国での競争法のクリアランス取得が必要でした。契約のクロージング条件として、どこまでのクリアランスを取ったら買収完了とするのかについて、厳しい交渉になりました。

先方は、例えば英国やEUだけでいいではないかと主張します。しかし、それ以外の国で競争法のクリアランスが取れない場合、最悪の場合、事業や資産売却を余儀なくされます。その結果、それら事業、あるいは資産の買い手から足元を見られ、買いたたかれ、我々が支払った金額分を取り戻せない可能性があります。

例えば、ロシアで競争法上の許可が取れなかったら、どの程度の価値上のダウンサイドがあるのか念頭に置いて交渉しなければなりません。つまり、ロシアという市場でのギャラハーのスタンドアローン価値とシナジーの価値が頭に入っていないと交渉できないわけです。**買収後経営の青写真**を各国市場ごとに作ることなしにはできない交渉でした。

ディール成就の蓋然性に関連するもう一つの要素が、デューデリジェンスをどこまで徹底的に行なうかです。これも英国上場企業の取締役会の関心事です。デューデリジェンスが詳細に及べば及ぶほど、その準備に時間も労力もかかります。また、関わる人が増えることから守秘を全うするハードルが高くなります。さらに、万が一、話合いが決裂したときには、競争者であるＪＴに情報が移転してしまいます。そのため、デューデリジェンスのスコープと深さそのものが、交渉対象になるのです。

さらに、英国上場企業のデューデリジェンスには、重要な留意点がありました。まず、株価に影響ある重要情報は開示されているという原則です。したがって、一義的にはデューデリジェンスはリスク評価目的に限定されるのです。もちろん、双方合意すれば、それを超えて情報を入手することは可能です。しかし、開示情報を超えて入手した情報を基にＪＴが買収提案を行い、その後、競合する買収提案を検討している第三者が現れた場合には、英国テイクオーバー・コードによると、その第三者にも同様の情報を提供する義務が生じるのです。仮に、ＪＴがギャラハーの詳細なコスト構造の開示を受けると、それらは他の買収提案検討者にも提供されるという訳です。こういった条件を考慮しながら、現実的なデューデリジェンス・リストを合意したのです。

人材の処遇

制約のあるデューデリジェンス時に、何を重点的に見なければならないかについても、**買収後経営の青写真**をしっかり作成しておけば、情報に穴の空いている箇所、リスクがあるところが明確になり、無用の議論に時間を費やすことは少なくなります。

取締役会の二大関心事以外にも、交渉中、論点になった一つに人材の処遇がありました。特に、ギャラハーの執行取締役の処遇をどうするかは、取締役会としてＪＴの提案を審議する取締役その人たちに直接影響する微妙な問題だったからです。ギルダースリーブ取締役会会長は、執行取締役が公正且つ適切に処遇されることを望んでいました。

また、人材の処遇は**買収後経営の青写真**を作成する中で、必要となっている合理化に関わることでもありました。一方、この買収は究極の経験者採用であり、順調に成長する海外たばこ事業を支える有為の人材を採用したいとの考えにいささかも変わりはありませんでした。このため、双方にとってしっかりと議論する事項として浮上したのです。

交渉ではもちろん個別の人材処遇までは決めることができません。人材を次のように三つの類型に分け、公正なプロセスを経て、処遇を決定することを約束しました。

第一類型は、買収完了後も新JTIに残り、活躍を期待する人材です。この人材はJTIの給与・報酬体系に移行します。

第二は、買収完了後一定期間残り、統合作業にあたる人材です。これまでの給与と統合が終了した際のCOMPLETION BONUSを支払うことにしました。

第三は、買収完了と同時に会社を去る人材でした。納得感ある退職パッケージを用意するというものです。

適切なアドバイザーの活用

適切なアドバイザーの選択と活用が買収検討・作業の最後のポイントです。英国の上場企業ですので、当然、英国のさまざま法律制度によって律せられています。証券取引法、会社法、税法、競争法、年金に関わる法律、労働法等々です。これらをしっかりと考慮して買収作業をすることは当然です。

しかし、あえて誤解を恐れずに言うと、所詮は手続きです。プロフェッショナルの方々に、法律上・制度面での手続きを解説していただき、その上で我々から質問を投げかけ、なすべきことを決め、焦点の定まった作業をしていただければいいのです。

また、投資銀行に我々が期待したことは、一つはインテリジェンス、情報収集です。もう一つは、買収の規制機関であるＴＯＢパネルとのコンタクトでした。ＴＯＢパネルとのコンタクトは投資銀行の役割と決まっていました。

企業価値評価については、投資銀行には期待していませんでした。一番事業を分かっているのは我々だからです。他にも税務弁護士、会計士がチームに加わりました。会計士は日本基準、英国会計基準と国際財務報告基準（ＩＦＲＳ）それぞれに明るいメンバーが必要でした。

また、本来ならば年金数理人をメンバーに加えるべきでした。というのは、年金の負債と資産がバランスをしていない場合、買収後、大きな負担を強いられる場合があるからです。年金制度は国ごとに異なるため、その精査が必要です。

ギャラハーの場合、最大の年金は英国年金でした。歴史のある会社でしたので、その年金資産、負債ともに巨額にのぼりました。他国には大きな年金関連の論点はなく、契約交渉の冒頭から英国年金の維持について議論になりました。

ギャラハー取締役会はこの年金を維持したかったため、年金資産、負債の現状とギャラハー取締役会がこれまで年金管財委員会に対して行ったコミットメントをガラス張りにして開示してくれました。情報開示の内容と年金資産の質は、受け入れ可能なものであったため、特に年金数理人をリテインしなかった訳です。

いずれにしても、外部のアドバイザーに仕事を依頼する際には、自分たちがどうしたいのかということを明確に指示しないと、仕事が仕事を呼んで収拾がつかなくなります。きっちりリードしていく必要があります。

交渉スケジュール

さて、一回目の交渉は二〇〇六年一一月二八日、その後二回目の交渉が一二月六日、その後、デューデリジェンスを経て、契約締結日の一二月一五日まで五日間食事や睡眠を惜しんでのぶっ通しの交渉を行いました。この短期間の交渉が可能であったのは、もちろん十分な事前準備があったからです。

一方で、一二月中旬を買収発表日としたことには理由がありました。欧州では一二月中旬辺りからクリスマス休暇に入りはじめます。我々が買収発表をした後、他社が追従し競合提案しようとしても、長期の休暇期間でプロフェッショナル含めて必要な体制構築が難しくなるタイミングを狙ったのです。実際、買収検討の中で、競合他社がギャラハーを買収したときのシナジーについても算定していました。このシナジーを見る限り、他社からの対抗ビッドの可能性は否定できませんでした。

ギャラハー単独で実現できる現実味ある企業価値を上回る買収価格をJTが提示する限り、第三者の競合ビッドがなければ、ギャラハー、JT双方にとって好ましい買収、友好的な買収になることは明らかでした。ギャラハーにとっては、上位の競合他社がギャラハーを買収した場合には、社員の雇用が激減することが想定されていました。

JTにとっては、友好的買収により契約締結から買収完了までの間に、統合に向けたできうる限りの準備を行い、統合計画作成期間を短縮したいとの狙いもありました。

これ以外にも買収の話し合いを秘密裏に行う理由は多々あります。例えば、株価が期待先行で乱舞しては、まとまるものもまとまらないからですが、自明なことも多いので、ここではこれ以上触れません。

統合計画の策定と統合

〝買収の成功〟は〝統合の成功〟

大規模な企業買収では買収契約が成立したときのニュースが大きく報じられる一方で、買収後の統合プロセスは世間からあまり注目されません。しかし、当事者の企業にとっては、統合が成功して初めて、買収が成功したと言えます。なぜなら、企業は時間を買う、つまり「1＋1」を2以上にするために買収を実行するからです。では統合の成功とはなにか。それは、買収による所期の目的を果たし、買収プレミアムを上回るシナジーを実現することです。

ギャラハー買収では、RJRI買収とは異なり、世界中で統合作業が必要でした。

これは、ＪＴにとって初めての経験でした。買収発表によって交渉関係者二〇人のプロジェクトがいきなり旧ＪＴＩ、旧ギャラハーを合わせた全社員二万三〇〇〇人のプロジェクトに変化したのです。買収による財務へのインパクトは大変大きいものですし、その意思決定は大変重いものです。しかし、それ以上に重いのは、企業の成果は人材と組織力が生み出すという現実です。

しかしながら、買収をすると、「自分の仕事はどうなるだろうか」「自分は会社に残れるのだろうか」という不安が、買収側、被買収側の両方に頭をもたげます。これが昂ずると仕事に手がつかなくなることさえあります。これには役員を含めて例外はありません。自分たちにとってチャンスであるはずの買収は、下手をすると競争力が落ち、自分たちの事業が草刈り場になって競争会社にとってのチャンスの場に変わってしまうという両刃の剣の性格を持っています。

買収側、被買収側双方が将来の不安を抱えたまま、ビジネスを日々行い、統合計画を作ることは本来避けたいものです。つまり、できるだけ前を向いて仕事ができるように工夫をしないといけません。そのために、取り組まなければならないことは二つでした。それらは、統合のスピードをあげること、そして、社内コミュニケーションの量を増やすことでした。

統合のスピードを上げなければならないことは、統合計画作成に八カ月を要したRJRI買収の反省からも明らかでした。社員が抱える不安は、将来への不透明さが残る限り、時間とともに次第に膨らんでいきます。そのため事業のパフォーマンスにネガティブな影響を与えます。この負のモーメンタムが大きくなる前に、それをしのぐようなポジティブなモーメンタムを作るためには、一刻も早く企業の将来像、個々人の将来を明確化することが不可欠です。

仮に、会社を去らなければならなくなっても、それが不透明なままよりは、はっきりする方がベターです。人間、良きにつけ悪しきにつけ、自分の将来が明確になるほうが、腹が据わるからです。

また、社内コミュニケーションは、買収で自ら有事状態を作った組織においては、極めて重要な役割を果たします。人の不安な気持ちを静め、当事者意識を鼓舞するからです。買収発表から統合作業終了まで、狭義でも広義の意味でも、社内コミュニケーションには心を配りました。

JT本社サイドとの攻防

私が統合作業で大切にした工夫が三つあります。

工夫の第一は、JTではなくJTI主体の統合ということです。JTIが事業の主体ですので、そこに大幅に権限を委譲して統合を推し進める、JTはできるだけ口を出さない、という体制を敷きました。統合計画づくりはJTI主体としたのです。

とはいえ、JTI主体の統合計画づくりについて、必ずしもはじめから社内でコンセンサスがあったわけではありません。実際、どこまでJTIの意思決定にゆだねるのか、JTとJTIとの間で議論が続いていました。

ある日、後述する統合事務局のメンバーが困った顔つきで私のジュネーブのオフィスにやってきました。彼らは、主要な統合施策の意思決定をJTサイドでしたいと言ってきていること、それではとても一〇〇日間で統合計画が作れそうもないことを報告してきました。私はその場で日本とのカンファレンス・コールを行いました。

図表6　ギャラハー買収後のタイムライン

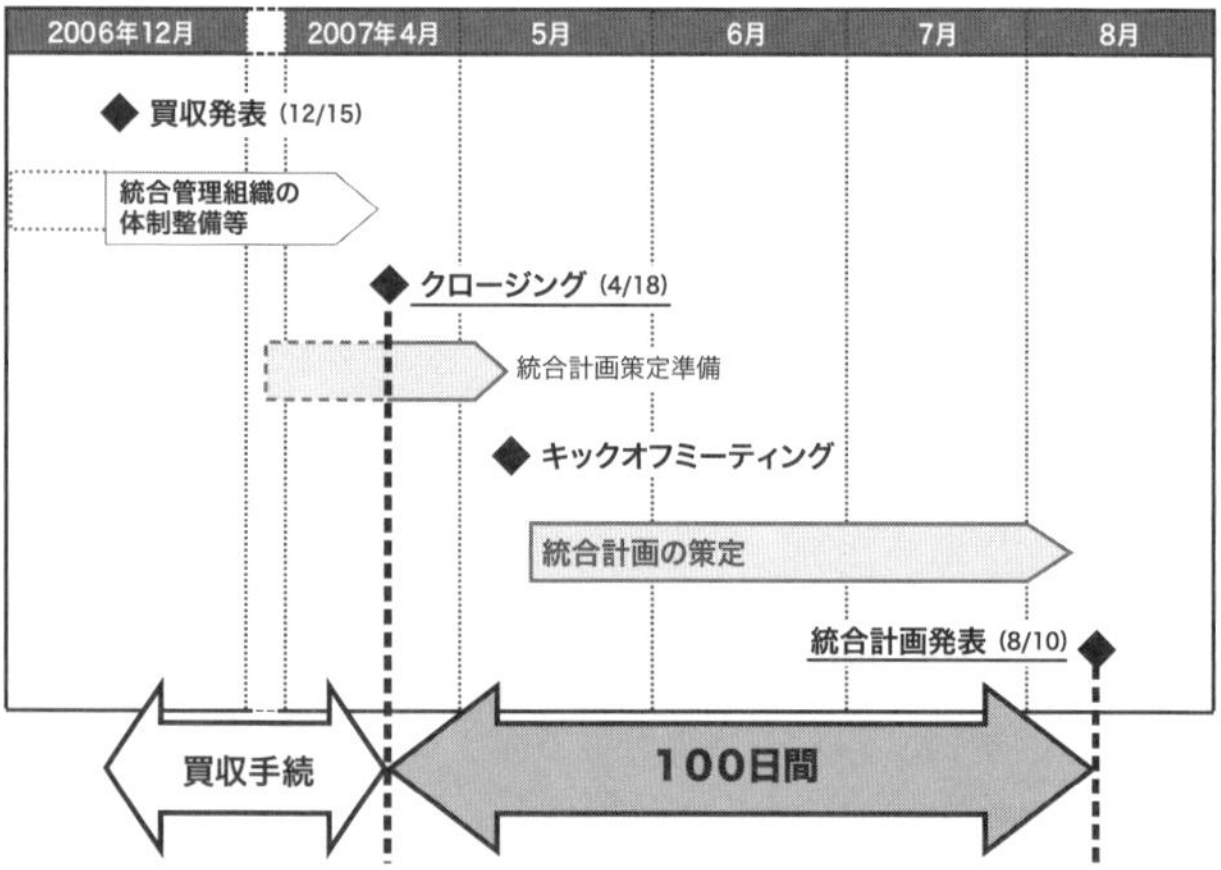

「統合計画を一〇〇日でどうしても作りたいというのは、ＪＴ、ＪＴＩ共通の思いだと理解している。そうであれば、できるだけＪＴＩに統合計画作りを委ねてほしい。事業に土地勘のない上に、時差の壁と言葉の壁がある東京に、いちいち伺いを立てていては、とてもじゃないが一〇〇日で統合計画をつくることはできない」

これに対して、ＪＴのＢＤ責任者からは反論されました。

「そうは言っても、大きな統合施策の決定を放任してしまうことは、ＪＴでの意思決定の瑕疵につながりかねない。なにかやり方があるのではないですか」

「だからこそ詳細な買収後経営の青写真をつくって、取締役会の買収意思決定において瑕疵が起きないように準備したのではないのか。その買収後経営の青写真に沿っている、つまり、取締役会意思決定に則っている限り、ＪＴＩに任せて欲しい」

さらに続けて、古代ローマ時代における属州総督の話をしました。

「ギャラハー買収後の統合は、まだまだ安定していない古代ローマの属州の経営のようなものではないか。古代ローマでは、ローマの執政官を退任した人間、つまりローマが全幅の信頼を寄せる人間を、総督として全権を授けて属州に赴かせ、属州の経営にあたらせたことは知っての通りだと思う。私は、ＪＴＩにおいて似たような役割を担うべくジュネーブに来たのではないのか。

統合を成功させるために一〇〇日で統合計画をつくる責任を負っているのは私だ。権限なしに責任をどう全うしろというのか、説明して欲しい。それとも、それほど私は皆さんから信頼されていないのか」

こうしてなんとか東京を説得し、ＪＴＩが主導して統合計画を作り、統合を行なうことができました。

私の愛読書の一つ、塩野七生さんの『ローマ人の物語』には感謝しています。仕事の転機にはいつも読み返しています。昨日の敵から明日の執政官を生み出した古代ローマのダイナミクス、リーダーの有り様、一神教と多神教のせめぎ合い等々、多くのことを学びました。

統合における基本原則

さて第二の工夫は、買収発表前から準備していた統合における一〇個の基本原則です。基本原則は統合成功への定石だと考えています。ＪＴＩ社内には二〇〇七年一月に発表しました。経営陣はこの原則をみんなの耳にたこができるくらい繰り返し唱え、その重要性を訴えたのです。買収発表後から統合時にいたるまで、何か問題にぶつかったときには、常にこの原則に立ち戻ったものです。

統合における10の基本原則

1. One company - one management

シングルカンパニー、シングルマネジメントを実現し、明確なレポートラインの下、決して玉虫色の組織にはしないとの決意です。

2. Fair and equal treatment of all employees, irrespective of company of origin

出自にかかわらず、全従業員に対し公平で公正に扱うという人的側面の重視です。

3. Speed in decision making is critical - 80/20 rule

迅速な意思決定―「80／20ルール」。これは、統合作業が平時の作業とは異なり時間勝負であるため、スピードを上げるため一〇〇点満点の八〇点でも実行に移すとの宣言です。実際、前工程が結論を出してくれないと決められないことが多々あります。律速になっているものを早く決めないと、一〇〇日間で統合計画はつくれないのです。

ＣＥＯだったピエール・ドゥ・ラボシェールは、この80／20ルールの発案者ですが、その理由を次のように言っていました。

「何かをするのに一〇〇％確信が持てるまで待っていたら半年、いや一年かかってしまうかもしれない。しかし、八〇％の確信にいたるには一週間もあればいい。物事を迅速に推し進めることのメリットは、二〇％の確率での間違いを考慮しても余りある」

4．Keep it simple

何事もシンプルに。多忙なときに複雑なことを複雑にすることは誰でもできます。それをいかにシンプルにして統合計画を作成し、統合を実行するかを問うたのです。「一言で言ったら何だ？」とよく質問したものです。

5．Plan delivery is our #1 priority

年度計画の達成を最優先としました。ＪＴＩもギャラハーもそれぞれ事業計画を持っていました。まず、それを着実に達成することを第一義としたのです。そのためには、お客様や競争他社から目を離してはいけません。

6. Strictly minimize disruptions to existing business

通常オペレーションの混乱を最小化。これは5. と表裏一体をなすものです。

7. Capture synergies in a disciplined and systematic manner

体系的なシナジーの捕捉。買収後経営の青写真を基に、シナジーをしっかり追求することにしました。

8. Separate organization for integration management but all excom members accountable to deliver results

独立した統合管理体制。一方、結果責任はすべてのEx-com（業務執行役員会）メンバーに帰属。これについては後述しますが、留意したことは当事者意識をいかに鼓舞するかでした。日々の仕事をしながら統合計画を作成することは大変な負荷だからです。

9. In-house management

社内資源での統合完遂。これも当事者意識の鼓舞の大きな要素です。買収発表後、名だたるコンサルタント会社すべてから、統合計画立案のコンサルテーション提案を受けましたが、すべて断りました。どれだけ素晴らしい計画ができても、実行する社員が計画づくりに参画していなければ、困難な状況に遭遇するたびに言い訳の材料にされると危惧したからです。「はじめからハードルが高いと思っていたんだ」「自分が作った計画ではないので、とても現実的ではない」などといった言い訳です。

10. Integration plans will be finalized in the first 100 days after closing

「一〇〇日間で統合計画を策定するぞ」という宣言です。

この一〇の原則をまとめると、大きく三つの要素からなっています。**一貫した人的側面重視の姿勢、お客様や競争から目を離さない事業遂行、一人ひとりが当事者であることを鼓舞すること**、の三つです。統合中、大きな課題に直面するたびに、この原則に立ち戻って統合作業を実行しました。

買収への不安を極力取り除く

第三は不安の解消の工夫です。買収手続きや競争法上の手続きを行っていた二〇〇六年一二月一五日の買収発表から、買収完了の翌二〇〇七年四月一八日までをフルに活用しました。この間に、統合管理組織の体制整備など統合計画策定や統合に資することなら何でも準備したということです。

買収完了時点で、一つの会社として運営するために最低限何を準備しておかねばならないか、ギャラハー出身者の人たちにＪＴＩについて明るくなってもらうために何を準備しないといけないか、想像力を逞しくして作業にあたりました。

例を挙げましょう。買収完了と同時に、レポートラインが明確化されていなければなりません。誰に指示を仰ぐのか、誰に報告するのか、誰が何に責任を負うのかといったことです。

また、そのためには責任権限規程の読み方や電子意思決定システムの使い方にも習熟が必要です。さらに、資金の流れを明確にし、資金決済権限者を再定義しなければなりません。これらを怠ると買収完了一日目から事業が滞ります。ヒトに喩えると、それぞれ中枢神経系で情報が、血管系で血液が円滑に流れるといったことに相当する重要事項です。

また、現場管理職をバックアップし、統合時の混乱を最少化するために、統合のためのイントラサイトの立ち上げ準備、社内コミュニケーション・ハンドブックやＨＲ（ヒューマンリソース・マネジメント）ハンドブックを作成しました。社内コミュニケーション・ハンドブックでは、管理職向けに、言って良いこと悪いこと、当面のＱ＆Ａ等々がまとめられていました。

現場で流言飛語が飛び交ったり、情報が錯綜して社員が不安に陥ることのないようにするための工夫です。ＨＲハンドブックでは、ＪＴＩの給与制度、福利厚生の仕組み、面接の手順等が記述され、同じく現場の管理職を支えました。いずれのハンドブックでも、疑問がある場合のコンタクトパーソンを明確化し、二四時間バックアップしたのです。

統合のためのイントラサイトは、買収完了と同時に旧JTI、旧ギャラハーそれぞれの社員がアクセス出来るよう準備をすすめました。その内容は、買収の意義、統合進捗、統合にあたってのよく聞かれる質問への答え（FAQ）が代表的なものです。各国市場、工場等から上がってくる全社に関わるような質問は本社で吸い上げ、それをFAQに随時反映していきました。当然ですが、このサイトを買収完了と同時に立ち上げるためには、ギャラハーとJTIそれぞれのIT担当間での、事前の密な共同作業が必要でした。

さらに、競争法上の手続きを行っていたこの期間であっても、競争法上問題がない範囲で、ギャラハーと情報交換を始めました。とはいっても、昨日までライバルだった会社です。いや、買収完了していませんから、まだライバル会社です。それぞれの本社から情報交換の指示を出しても、「ハイ、分かりました」とはなかなかいかず、担当者は大変苦労しました。

余談になりますが、この苦労した担当は、競争法のクリアランス取得そのものの担当でもありました。彼は当時三二歳、日本のBDチームから異動してきた筒井岳彦という新進気鋭の若者でした。彼には競争法上の手続きでは、特に買収後の経営に最も重要なEUとロシアでのクリアランスを急ぐよう指示していました。努力の甲斐もあり、早期にクリアランスを取得することができました。

一方、買収後経営の青写真を各国市場ごとに持っているため、我々の関心はすぐにその他の国へと移りました。後日、筒井から「経営者は、つくづく欲深い生き物だ」とぼやかれました。その代表例がルーマニアの競争法のクリアランスです。

当時、ルーマニアはEUに加盟する直前で、個別にクリアランスが必要だったのです。すぐにEUに加盟するというのにまだクリアランスが取れていない。何とかしようと彼はルーマニアのヘッドと、一日に何回もメールでのやりとりを続けていました。ある日、あまりの経営陣からのプレッシャーに、思わずぼやきメールを送ってしまったのです。

「状況を察してくれよ。このメールを打っている自分の三〇㎝後ろにはリージョンヘッドの役員がいて、そのまた一m後ろには新貝さんやピエールがいるんだから」間髪入れずにルーマニアのヘッドからメールが打ち返されてきました。

「ようこそ、われわれのクラブへ」

ウイットに富んだその内容に思わず気持ちが和むと共に、ＪＴＩという会社への理解がぐっと深まったと、後に筒井は語っています。若くしてこの競争法のクリアランスをはじめ、買収・統合作業という修羅場をくぐった筒井は八年後の現在、日本でＢＤの責任を担う執行役員として、さらなるストレッチのかかった場で活躍しています。

新経営陣との面談

さて、レポートラインを明確化するために最も急がれたのが新マネジメント体制の確定でした。二〇〇七年二月末から三月初めにかけて、新たな経営陣を決定しました。四月半ばまでには、その配下の部長クラスの面談を実施し、買収後の新しいマネジメント体制を構築しました。

この新経営陣を決めるために、当時、ＪＴＩのＣＥＯであったピエール・ドゥ・ラボシェールと私はロンドンのホテルに出向き、それぞれ別の部屋で被面接者と一対一の面接を延べ七日間終日行いました。対象はギャラハー執行取締役五人を含む、約四〇人のシニアマネジメントでした。

買収完了まで残り約二カ月となり、時間的プレッシャーがある一方、やることは山ほどありました。「西欧の会社はここまではやらない」とのピエールの不満顔は今でも覚えています。しかし、良き人材を獲得するためにこのプロセスは必須だと確信していました。また、この面接プロセスそのものが、ＪＴとＪＴＩがフェアな会社であることのアピールになり、一部懸念のあったギャラハーの中間管理職を引き留めることにも大いに役立つことを説き、納得してもらいました。この面接の話は、期待通りギャラハーの社内を駆け巡り、中間管理職のリテンションは目論見通りに進みました。

ＪＴ－トップマネジメントによるロードショー

社内コミュニケーションの一つですが、トップマネジメントしかその役割を果たせないことがあります。それは、できるだけ現場に姿を見せ、そこで直接社員と対話をすることです。

買収が完了した四月一八日から四日間、ＪＴＩのＣＥＯ、ピエール・ドゥ・ラボシエール、副ＣＥＯの私、ＣＯＯのトーマス・マッコイ、旧ギャラハーのＣＥＯであるナイジェル・ノースリッジは、社内ロードショーのまっただ中にいました。

まず、はじめにロンドンの旧ギャラハー本社、次にウィーン、そしてモスクワ、最後がジュネーブ本社でした。また、その数日後、ギャラハー発祥の地、北アイルランドのリスナフィラン工場へも同じメンバーで訪問しました。ウィーンとモスクワは、それぞれギャラハーが買収したオーストリアタバコとリゲット・デュカットの本社があった地でした。

これら訪問の目的はいずれも同じでした。この買収の意義を共有し、特に旧ギャラハー社員に向けては、これまでの貢献に対する感謝の気持ちを旧ギャラハーのＣＥＯから表明してもらいました。また、新ＪＴＩのビジョンも共有し、前述の**統合における**

買収完了後の社内ロードショー

旧ギャラハー工場訪問（ギャラハー発祥の地　北アイルランドのリスナフィラン工場）
ＪＴＩのＣＥＯピエール・ドゥ・ラボシェール（右から3人目）、副ＣＥＯの著者（左から2人目）、ＣＯＯトーマス・マッコイ（左から3人目）、旧ギャラハーＣＥＯナイジェル・ノースリッジ（一番左）

ウィーンオフィス訪問
左からトーマス・マッコイ、著者

る10の基本原則を説明しました。その中で、事業に邁進することが最も重要であることを強調したのです。自分たちの事業が他社の草刈り場にならないためです。それが自分の明るい将来にもつながることを示唆しました。

その後、質疑を受け、ＪＴＩトップマネジメントから直接応答しました。トップがショーアップして主要な現場とコミュニケーションをとることは、無用の不安を軽減し、注力すべきことを一人ひとりに認識してもらうためにも重要です。

しかしながら、一つ反省がありました。各国ごとに労働法が異なるため、予めブリーフィングを受けて発言には注意をしていましたが、このロードショーでの発言が、その後ある国での雇用について火種になったことでした。全社が多忙な時期に仕事を増やしてしまい、法務や人事には申し訳ないことをしました。

一〇〇日間で統合計画作成

さて、ＲＪＲＩ買収時の反省を基に、買収完了後一〇〇日間で統合計画を作成することにしました。繰り返しになりますが、個々人が自分の将来に不安を抱えていると仕事に手がつかなくなります。業績にも悪影響が生じ、ネガティブなモーメンタムが日増しに強くなります。これは、人間である限り、避けて通れません。それゆえ、できるだけ早く自分たちが向かうべき方向を示し、それぞれの将来を展望しやすくし、ポジティブなモーメンタムを創り出すことが必要です。そのために、一〇〇日間で統合計画を作成することにしたのです。

まず統合管理体制に工夫が必要でした。買収は、自ら有事を招く行為です。統合計画を作成し、統合を実施する人たちは、会社の外に別にいるわけではありません。自分の処遇に不安を感じる一人ひとりが、日常の業務に加え、統合という負荷を担っています。日々の仕事と違い、多くの例外事項が生じることは容易に推察できます。そのため、有事は集中（平時は分散です）の原則に従った統合管理体制を構築しました。統合委員会、統合事務局、そして、約五〇個のタスクフォースからなる体制でした（図表7）。

統合にとって主要な事項の意思決定は、統合委員会が行いました。JTIのCEO、副CEO、COO、BD担当役員、HR担当役員、CFO、法務担当役員、旧ギャラ

図表 7　統合管理体制

統合委員会および統合事務局からなる統合管理体制をジュネーブに組織し、タイムリーで明確な方針の打ち出しに、統合委員会が多大に寄与

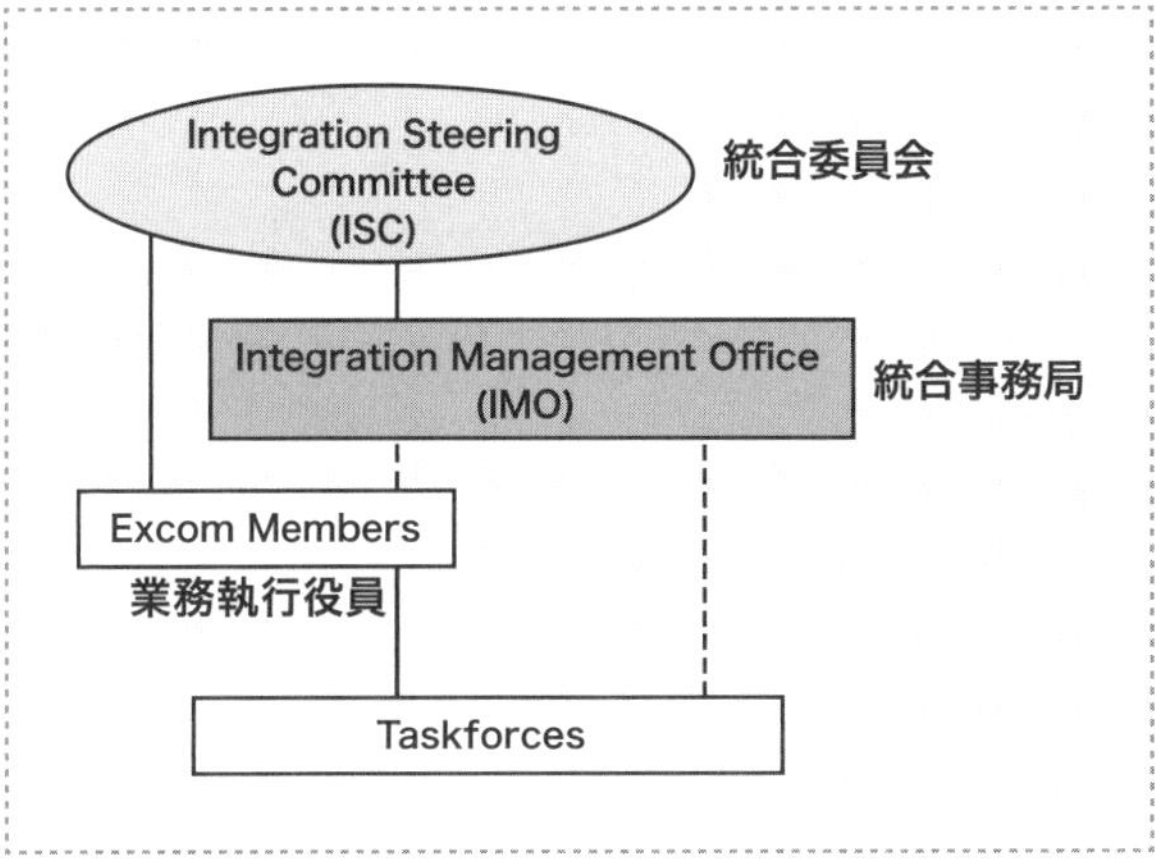

統合委員会の役割

・統合方針の決定
・統合の骨格となる主要事項の意思決定（委員会は週一回開催）

統合事務局の役割

・統合作業ガイダンスの作成
・円滑な統合作業の促進とサポート
・ベスト・プラクティスの共有
・タスクフォースの進捗状況および統合シナジーのモニタリング

ハーＣＥＯが委員となり、これに加えて社内コミュニケーション担当の部長が出席していました。毎週月曜日の午後を委員会審議にあて、その日の内に必ず結論を出すことを自らに義務づけました。

そのため、委員会メンバーの時間は予め月曜日午後オープンエンドに押さえておいたのです。ここでの特記事項は、委員会に社内コミュニケーション担当の部長が同席していたことです。彼は、的確な情報をタイムリーに社内と共有することに八面六臂の活躍をしてくれました。本当に感謝しています。

議題は、統合事務局が上程しました。統合事務局には、買収に関わったＢＤチームと、事業計画づくりのプロをメンバーに入れました。ＢＤチームは**買収後経営の青写真**を作ったメンバーですから、ギャラハーのことをよく研究していました。**買収後経営の青写真**で想定していたシナリオと着眼点をＢＤチームからインプットされた事業計画づくりのプロは、通常中期、短期事業計画をつくると同様の要領で、タスクフォースを巻き込んでいきました。

統合計画の部品となる個々の課題検討は、この約五〇個のタスクフォースが行いました。当事者意識を鼓舞するために、一つのタスクフォースに必ず一人の役員を責任者として指名しました。後で、「これは自分が作った計画じゃない」と言われないための工夫です。この五〇個のタスクフォースが検討した部品がすべてそろい、それを組み立てると統合計画になるわけです。

一方、統合事務局は、それぞれのタスクフォースの優先順位と進捗状況をモニターし、事務局レベルでできる場合には必要な資源配分と納期管理を行っていました。Aタスクフォースが B タスクフォースのクリティカルパスになるということが、タスクフォース間で起きていたからです。さらに、タスクフォースでのベストプラクティスを吸い上げ、それを活用できそうな他のタスクフォースに移転していました。とは言え、統合事務局の手に余る場合には当然、統合委員会で決定していました。

余談になりますが、社内BDチームには、買収作業の当初からこう言い渡していました。

「皆さんの仕事は、買収発表では終わらない。統合が終了してはじめて完了だ。したがって、統合を見据えた買収検討、デューデリジェンス、買収交渉をしてほしい」

これも当事者意識を鼓舞する工夫でした。

キックオフ・ミーティング

買収完了後半月あまり経過した五月初旬に、ウィーンでキックオフ・ミーティングを行いました。新しい体制において、部長クラス以上の人を全員集め、めざす会社像と、統合計画を実務的にどう作成するのかを共有するミーティングでした。

このキックオフ・ミーティングにはもう一つの目的がありました。それは、買収側、被買収側の双方が初めて一堂に会する場で、できるだけ心理的な垣根を取り払うことでした。

また、統合事務局のメンバーと統合計画を作る人たちとの顔合わせの場でもありました。ミーティング前日に立食パーティーを開催し、深夜まで語り合った出席者も多数いました。

これらを経て、クロージング後一〇〇日間で統合計画を作り、八月九日に発表、翌一〇日に投資家説明会を行いました。

統合計画

ギャラハー買収後、新ＪＴＩをＪＴグループの利益成長の牽引役としてより明確に位置づけました。統合計画では、トップライン（売上）成長の機会の追求と、コストダウン・シナジーの迅速な実現の二点が中心課題でした。これを遂行するため以下のように基本戦略の柱を刷新しました。これは現在でも変わらないものであり、ＪＴのＤＮＡでも述べたように、ＪＴの４Ｓモデルにも通じるものです。

- 卓越したブランドの構築と育成
- 生産性の向上
- 成功を支える人材の育成・獲得
- 責任ある企業活動
- すべての活動における不断の改善

トップライン成長の機会追求では、それまで四ブランドだったグローバル・フラッグシップ・ブランド（ＧＦＢ）を八ブランドに増やしました。それらを、成長の牽引役ブランド、地域で強いブランド、将来の成長のために投資育成するブランドの三カテゴリーに分け、ポートフォリオ化したのです。また、成長のための事業基盤として、一六市場に増えた市場シェア一位、二位市場を活用することにしました。

このような、強力でバランスのとれたブランド・ポートフォリオ、地理的拡充、さらには市場内相互補完によるカバレッジ向上等により、トップライン・シナジーを二〇一〇年に少なくとも一億ドル実現し、将来的には、コストダウン・シナジーを凌駕するシナジー規模を目指すことを公表しました。

一方、コストダウン面では、本社機能の統合、製造拠点及び原材料調達の最適化、流通・営業販売組織の効率化、さらに旧ギャラハーへのＥＲＰ導入によるコストダウンと内部統制の強化によって、二〇一〇年に三億ドルを超えるシナジー実現を計画しました。

これらにより、ＪＴＩは二〇〇八年から二〇一〇年の三カ年でのＥＢＩＴＤＡを、年平均一〇％以上成長させることを目指したのです。

統合の中で最もハードルが高かった施策は、ＥＲＰを旧ギャラハーに導入する二つのプロジェクトでした。一つ目は、二〇〇八年末に終了しました。その結果、統合計画のメニューの九五％がその時点で終了しました。残っていた二〇〇九年末に稼働するもう一つのＥＲＰ導入も、期日に終了することができました。二〇〇七年四月の買収完了から二年八カ月で、世界でのすべての統合が完了したのです。

この間に、リーマン・ショックが発生し世界経済が混乱、たばこの需要減退、低価格帯へのシフト、たばこ税増税といったことが世界中で起きました。また、統合している間に、Ｊ－ＳＯＸを導入し内部統制を強化する必要にも迫られました。これらの負荷をすべて呑み込み、ＪＴＩは約束した年平均ＥＢＩＴＤＡ一〇％以上の成長を果たしました。

艱難辛苦は人も組織も強くします。統合、リーマン・ショックの影響等を乗り切ったことで、ＪＴＩ役員間の結束は強くなり、第3章で述べた「Productive Tension」

ある関係が構築できました。ともに仕事をした仲間に対して本当に感謝の念で一杯です。

ギャラハー買収・統合からの教訓

ＲＪＲＩ買収と同様、この買収でも、統合計画を作り統合作業をしている期間が、買収会社であるＪＴＩと被買収会社ギャラハーが最も脆弱になる時期でした。社内では人心が不安定になり、社外では競争企業がここぞとばかりに攻めてくるのです。統合計画を速やかに作成し、統合スピードを上げることで、この脆弱な期間を短縮しなければなりません。ＪＴＩのＣＥＯであったピエール・ドゥ・ラボシェールはプラグマティックな考えの持ち主で、私によくこう言っていました。

「どれほどバラ色の統合計画を作っても、統合に失敗したら悪夢に変わってしまう。それを防ぐためには、統合を迅速に進めていくほかはない。だから、８０／２０ルールが大切なんだ」

統合計画を一〇〇日間で作成し、統合を迅速に進めるために、次の四点が教訓となりました。

第一に、ターゲット企業を徹底的に知ることがいかに大切だったかを学びました。**買収後経営の青写真**をしっかり作り、現実的な企業価値算定を行い、そのプロセスの中で、統合時の課題を発掘することができたのです。課題が分かっていれば、それらの課題にしっかり取り組めば、統合が成功するのだと自信にもつながりました。

二点目として強調したいことは、JTからJTIへの大幅な権限移譲も、実はこの青写真があったから可能になったということです。JT取締役会が本件の意思決定をしたときには、種々の前提がありました。**買収後経営の青写真**として、さまざまな施策とそれぞれに期待するシナジー効果が詳述されていたのです。この青写真の範囲内であれば、意思決定の瑕疵を問われるリスクを低減しつつ、JTIに権限を移譲する、という判断ができたのです。この結果、統合を大変スピーディに進めることができました。

買収は魔法の妙薬ではない

三点目は、統合管理体制をしっかり作ること、そして十分に準備することです。買収発表前後で二〇人のプロジェクトが二万三〇〇〇人のプロジェクトに変貌するという現実を直視し、人的な側面に十分に配慮した買収、統合プロセスが必要でした。

ここで強調したいことは、買収の作業をした人が統合事務局のキーメンバーになったことです。作業した人はデューデリジェンス（対象企業の精査）もやっていますし、統合計画のひな型である青写真も作っていますから、対象企業の中身をよく知っています。いかに、買収作業に携わるメンバーに統合まで責任を果たしてもらうか工夫が必要です。

また、M＆Aは自ら有事を創り出すということを認識することも重要です。日常業務とは異なり、日々例外事項が生じます。**有事は集中**の原則で、統合管理体制を構築することが必要です。また、日常業務をしっかり行いながら統合計画を作る、統合を行うといった負荷のかかった仕事を完遂するためにも、当事者意識を鼓舞することは重要です。

四点目として、他の三点と同様に大事なことが社内コミュニケーションです。統合基本原則や管理体制、統合計画の作り方、組織、そして責任権限規程などを伝え、共有することとです。ヒューマンリソース・マネジメント（人事）のハンドブックや社内コミュニケーションのハンドブックを作って、ともすれば情報不足になる現場の管理職をバックアップしました。

最後は、買収を考えている自分たちに、統合の負荷を呑み込める勢いがあるかどうかを見極めることの大切さです。実際、二〇〇六年六月にＪＴＩに異動し、最初にやったことは、このことでした。統合作業を行うのは、日々の仕事を持っている社員一人ひとりです。

日々の仕事をしながら統合の負荷を呑み込まねばなりません。この統合負荷を呑み込めなければ、チャンスだと考えて行った買収が裏目に出て、自らの事業と被買収企業の事業は、競争他社から蚕食され草刈り場になりかねないのです。

幸い、ＲＪＲＩ買収後の自律成長の勢いには、統合負荷を呑み込めるだけのものがありました。こう考えると、体力が弱り、事業実績が落ちている企業が逆転満塁ホームランを狙って買収の挙に出るということはやってはならないことです。買収は、魔法の妙薬ではないのです。

本章のポイント

- 買収の成功は、所期の買収目的を達成し、統合を成功させ、支払う買収プレミアムを上回るシナジーを上げることである。
- 買収の成功のためには、買収する会社自らが主体的に買収検討、作業を実施することが重要だ。検討・作業の要点は、買収目的の明確化、対象企業の選択、統合を見据えた対象企業の価値評価、対象企業(取締役会)の重要関心事の洞察、適切なアドバイザーの活用による買収に伴う諸課題の解決、買収を巡る他社の動きのインテリジェンスである。

・二〇〇七年の英ギャラハー買収は、その買収額が二兆二五〇〇億円。現在でも、日本企業が行った史上最大の買収である。九九年のＲＪＲＩ買収とは性格が異なっていた。ＲＪＲＩ買収の統合計画は、どちらかというと企業再生計画に近いものであったが、ギャラハーの統合は、それまで世界各地で競争していたＪＴＩとの世界各国での本格的統合であった。

・これを成功させるために、買収交渉前から統合を意識し、詳細な**買収後経営の青写真**を作成。これにより、次のことが可能となった。

①精度の高いギャラハーの価値、シナジー価値の算定と統合時課題の発掘

②デューデリジェンス、交渉、競争法上の対処における、課題となる事象や項目の企業価値への影響度の迅速な判断

③瑕疵が起きにくい買収意思決定資料作成と、ＪＴからＪＴＩへの大幅な権限委譲

④**買収後経営の青写真**を統合計画のたたき台として活用し、早期に統合計画

を作成

- 買収は自ら有事を作ることである。この有事を乗り切るため、ＲＪＲＩ買収の教訓を活かし、社員の不安を減じ、統合計画を買収完了後１００日で作成し、実行に移すべく多岐にわたる工夫を行った。

①買収完了までにできる準備は何でも行う。買収完了時点で、経営陣、上級管理職の人事が決定され、意思決定に支障を来さないことはその一例

②買収完了後、ＪＴＩトップマネジメントが、ギャラハー、ＪＴＩ双方の拠点を訪問し社員と直接対話すること。統合を事業主体であるＪＴＩが行うこと。統合における基本原則の徹底。当事者意識を鼓舞する統合管理体制の整備

③統合管理体制構築にあたっては、買収作業を担ったＢＤチームに、当初から統合が終了するまで仕事は終わらないことを意識付けし、統合を見据えた買収作業（青写真作成、デューデリジェンス、契約交渉、競争法クリアランス）を徹底

④統合期間中の人心の安定のために、社内コミュニケーションに注力

- この買収の教訓は、ターゲット企業を徹底的に知り、**買収後の青写真**をしっかり作ることの重要性だ。**青写真**によりＪＴＩへの大幅な権限委譲ができ、迅速な統合が可能となった。

- 買収は企業にとって魔法の妙薬ではない。統合作業は、日々の仕事を持っている社員一人ひとりが実行する。統合負荷を呑み込める組織の勢いなくして、統合の成功、即ち、買収の成功はない。事業価値が落ちてきている企業が、起死回生の逆転満塁ホームランを狙って買収の挙に出たとしても成功はおぼつかない。

第2部

新CFO論

今、金融、経済の動乱期にあって、企業経営におけるＣＦＯ（Chief Financial Officer）の役割がますます重要になっています。また、企業内で財務関係の仕事をしている人にとって、目指している目標の一つが、ＣＦＯになることではないでしょうか。

世界のどの大企業を見ても、ＣＦＯあるいはファイナンス・ディレクターと呼ばれる人がいます。しかし、日本企業の場合、ＣＦＯは比較的その歴史が浅いポジションです。

アカウンティング（日本企業で言う、経理）、トレジャリー（資金調達・運用、為替を担当する機能）等で活躍してきた人が、過去の仕事の延長線上でその任に当たっていることが、いまだ多いようです。ＣＦＯが果たす役割は何か、ＣＦＯが備えるべき資質とは何かについて、変化の激しい時代だからこそ、再考する価値があるのではないでしょうか。

ＣＦＯが持っている顔を思い浮かべてください。ＣＦＯは経営者です。ＣＦＯはＣＥＯ（最高経営責任者）の財務面でのブレーンです。ＣＦＯは財務機能のリーダーです。CFOは資本市場や金融市場への大使です。こういった複数の顔そのものが、CFOはアカウンティング、トレジャリー、タックス（税務）等のエキスパートの単なる延長線上には位置づけることができないことを雄弁に物語っています。

さて、ここで私の経歴を簡単に述べさせていただきます。

私は、大学、大学院では電子工学を専攻し、エンジニアを当初めざしていました。しかしながら、就職に際し、研究職やエンジニアへの道ではなく、人と仕事をすることを志望し、入社以来、様々な仕事に携わりました。

複数の製造現場経験、そのマネジャー、技術開発計画の立案とその実行、医薬事業での米国ベンチャービジネスとの提携、提携した上場バイオベンチャー企業の社外取締役、キャッシュフロー経営に代表される企業変革プログラムの実行、企業買収といったものです。

また、財務関連の知識は自己流であるにもかかわらず、CFOを務め、大規模なM&A（合併・買収）を手がけました。入社以来の仕事は、事業はもちろん、関連する法務、財務の知識・経験にとどまらず、リーダーのあり方、経営のあり方についても、幅広く考える機会を提供してくれました。

囲碁の世界で、傍目八目という言葉があります。当事者よりも第三者の方が、より深い洞察をすることが、時に可能になるということです。経理、財務のバックグラウンドがない私だからこそ、これからのCFOについて読者の参考になることが語れるかもしれません。

経営陣の一翼を担う存在として、CEOのブレーンとして、財務機能のリーダーとして、資本市場、金融市場への大使として、そして、M&Aを率いてきた者として、経験とそれからの学びを織り交ぜ、CFOとは何かについて、少しでも明らかにすることができれば幸いです。

第7章

門外漢がCFOになるまで

連結決算早期化プロジェクト

キャッシュ・マネジメント・システム導入

第4章でも触れましたが、私が財務機能の強化について真剣に考え始めたのは、RJRI買収のプロセスでのことでした。七年間の米国での勤務で、医薬事業の提携やベンチャー企業経営を経験した後、帰国して経営企画部にいたころのことです。

一九九九年五月に約九四〇〇億円を投じてRJRIを買収した後、借入金圧縮と資金コスト低減のために、連結バランスシートの改善が急務となりました。

つまり、単体ベースでは手元現預金が薄く、借入が嵩んでいる一方で、連結ベースでは、借方で手元現預金が、貸方で有利子負債が、単体ベースのそれよりもそれぞれ大幅に膨らんでいたのです。また、グループ会社の中でも、資金に余裕のある会社もあれば、借入が多い会社もあるといった状態でした。

買収時の資金調達作業を通じて一円でも有利子負債を少なくしたいと考えていたことから、このバランスシートの状態には強い問題意識を感じずにはいられませんでした。本体を含んでグループ会社間で資金の貸借を柔軟にすることができれば、結果的に連結ベースでの外部借入を減らすことができます。

一方、買収をしたRJRI改めJTIでは、以前の親会社であったRJRナビスコ社が、八八年のLBOによって、多大な有利子負債を抱えていたため、グループ会社の資金を一元的に管理することが当たり前になっていました。残念ながら、買収された会社が徹底的にやっていることを、買収した側ができていなかったのです。

当時、グループ企業内の資金をプールし、互いに融通し合うCMS（キャッシュ・マネジメント・システム）のサービスを、日本でも銀行が提供し始めていました。経営企画部にいながら声を大にしてバランスシートの効率化を主張していたところ、幸いにも、ＲＪＲＩ買収後に着任した資金部長は、その必要性を即座に理解してくれたのです。そして、精力的にＣＭＳ導入を推し進めてくれました。その結果、開始初期の参加グループ会社数は、まだ少なかったものの、ＣＭＳは早くも二〇〇〇年には稼働し始めます。

ただ、グループ会社の責任者にＣＭＳの必要性を理解してもらい、より多くの会社にＣＭＳに参加してもらうためには、さらに月日を必要としました。と言うのは、ＣＭＳの導入は、グループ会社各社と日本たばこ産業（ＪＴ）本体との関係を整理していくプロセスそのものでもあったからです。

当時、グループ会社は、ＪＴ本体と約束した一定の評価指標とその目標水準にのっとり経営を行っていました。この目標値を満たしている限り、一定の経営の自由度が確保されており、生み出された資金の使途についても、設備投資を除き、金融商品への投資、預金等について、それぞれの経営陣の裁量に相当程度委ねられていました。つまり、経営管理面での縛りはあるものの、資金管理面での自由度は高かったのです。

CMS導入によって、これにメスを入れていくことになりました。

さて、当時、財務機能にとって、グループ会社との関係を再構築する差し迫ったニーズがもう一つありました。連結決算が導入されたばかりの時期でした。食品、医薬、海外たばこ事業での一連の買収後、一時的にIR（投資家向け広報）も担当することになったことから、適切な投資情報を適時に提供する必要性を痛感していました。その大きな目玉が連結決算作業の早期化であり、その実行が急務の課題だったのです。

連結・単体の同時発表めざし、プロセスを「見える化」

投資家に対して適切に情報を提供する立場から、経理部は、連結・単体決算の同時発表をすべきとの立場を取っていました。私も全く同感でした。

しかし、連結決算作業には時間を要するため、経理部は、当時の決算発表タイミングから、相当遅い発表時期を提案したのです。私は「それは適切かもしれないが、適時ではない」と、強面で猛反対しました。そして、「年度末の翌月内発表をめざすべきだ」と主張したのです。

当時、無理に無理を重ねて決算作業をしていた経理部からすると、とんでもない暴論に思えたのでしょう。お互い声を荒げた感情的な議論になり、その場は折り合いが全くつきませんでした。

少しお互いが頭を冷やした後日、連結決算作業の工程表を作ってもらうことを経理部にお願いしました。目的は、工程表を作ることによって、何が作業のクリティカル・パスになっているのかを明確にし、どの作業で短縮余地、改善余地があるのかを、経理部との間で共有することにありました。

ここで言うクリティカル・パスとは、工程全体の中で、その工程が遅れてしまうと全体が遅れてしまう工程のことです。余談ですが、この工程表をつくるという発想は、工学部出身で、工場での工事等エンジニアとして仕事をしていた私には、極めて当たり前に思えたのですが、どうも当時の経理部では新鮮に映ったようです。

この作業は、改善のプロセスで使われる、いわゆる**見える化**でした。なぜ**見える化**が必要だったのでしょうか。この**見える化**とは、連結作業に携わる個々人の頭の中だけにしかない作業を、紙の上で見える形にしてもらうことでした。これにより、互いの仕事がより多くの人の間で共有され、どこをどう改善し、作業を短縮できるのかについて、これら多くの人たちの知恵とアイデアを結集し、議論する素地を作りたかったのです。目標は、もちろん年度末翌月内決算発表でした。

マインドセット変革の必要性

工程表が出来上がり、課題が明確になりました。それは、大きく分けて三つでした。一つは、グループ会社から経理部に引き継ぐ、連結用のデータが送られてくるタイミングです。それがクリティカル・パスになっていました。二つ目は、そのデータの質の向上でした。送られてくるデータの質が低いと、経理部での連結作業のやり直しが発生してしまいます。三つ目が、経理部での連結作業そのものが、クリティカル・パスになっていたということでした。

三つ目の課題は、最新の連結エンジン・ソフトウエアの導入で解決でき、連結作業を短縮することが早い段階で明確になりました。しかし、グループ企業が経理部に引き継ぐ連結用のデータの質を向上させ、その引き継ぎタイミングを早期化することは、相当ハードルの高いことに感じられたのです。その理由は、個々の会社も、限られた人的資源で単体決算を行わねばならなかったからでした。

そういった中で、個々の会社の作業にどこまで手を突っ込めるのか、経理部では議論になっていました。それまでの経理部のマインドセットは、出てきた結果を誤りなく集計し、会計基準に則って処理するという、どちらかというと受け身の姿勢が強く、積極的に個々の会社に働きかけるという経験に乏しかったといえます。こういったことも、懸念の一因だったと思います。

この懸念を打破するためには、「錦の御旗」が必要でした。そこで、連結決算早期化を全社プロジェクトとして取り上げ、トップマネジメントからのコミットメントを取りつけ、トップがグループ会社に働きかけることになりました。

援護射撃を得て、連結決算早期化プロジェクトに集ったメンバーは、いわば社内コンサルタントとして、個々のグループ会社に入っていき、決算作業の標準化を行い、標準化された作業の定着に取り組んだのです。このプロジェクトは、二〇〇三年にはその使命を完遂しました。

ＣＭＳの導入と連結決算の早期化は、主たる視野を単体からグループ全体へ拡大するきっかけを財務機能に提供しました。連結決算になったのだから、当たり前だと思われるかもしれませんが、この視野の拡大は、次の二点において、それまでとは異なるマインドセットを必要としていました。

（1）それまでの受け身の姿勢から、より能動的な仕事への取り組み
（2）個人技、似非《えせ》職人的スキルに支えられた仕事のプロセスから、高いスキルを持つ個々がチームとして有機的に連携し、目標を追求するプロセスへの移行

一言で言えば、個々の高い専門スキルはもとより、自ら働きかけ、他の部門やグループ会社を説得し巻き込んで、チームで成果を上げるためのスキルとマインドセットが必要となったのです。

財務企画部の仕様書

門外漢が新部署設立

二〇〇一年春のある日、私は当時社長であった本田勝彦から呼び出しを受けました。

「新貝、経営企画部は組織の改廃の権限を持っていたな。これまで経営企画部が持っていた経営管理機能、新たに財務戦略を考える機能、そして財務機能として強化すべき機能を戦略機能として集め、新たに一つの部を設計してくれ」

「分かりました。これでやっと財務機能がパワーアップできます。しかし、誰が部長をするのですか。部長の人選でこの改革が成功するかどうかが決まります」

「お前がやるんだ」

「えぇっ、私ですか。財務の実務は全くやったことがないんですが、いいんですか」

「財務機能の改革を唱え続けたのは、お前だろう。だったら、お前がやるのが一番いい」

「分かりました。全力を尽くします」

ああ、言ってしまった。

「全力を尽くします」とは言ったものの、これは晴天の霹靂でした。確かに、私は財務機能の方向性について外野から、当時のトップマネジメントに向かって、具体的に意見を具申していました。ただ、門外漢の自分が財務機能で仕事をすることになるとまでは考えたことがありませんでした。

しかし、冷静に考えてみると、ＪＴには連綿と続くある伝統・風土がありました。それは、自分がやりたいこと、あるいは会社としてなすべきことを主張していると、それを唱えている本人に、その実行を委ねるというものでした。

「それだけ言うのなら、おまえがやってみろ」

こういった風土です。

新たな部である財務企画部を立ち上げるに当たり、私はまず手始めに財務機能全体として果たすべき役割について、再度、頭の中を整理しました。「自分がもしＣＦＯだったら、どうするか」という視点から考えてみたのです。その結果、四つの役割が見えてきました。

財務機能を経営トップのスタッフと捉えた場合、経営が必要とする投資資金をいかに確保するかを考えねばなりません。これは、資本コストを超えるＲＯＩ（投資利益率）を得るといった投資規律を前提として、自律成長（Organic growth）に限らず、外部成長（External growth：Ｍ＆Ａ等による成長）にも当てはまることです。

財務機能を事業のビジネスパートナーと捉えた場合には、経営管理面から事業に働きかけ、どのようにその利益やキャッシュフローを増大させてもらうかを考えねばなりません。また、事業の血液である資金供給、事業遂行に伴う税務相談等のサービス機能の品質向上も重要です。

財務機能を自ら価値を創造する存在と捉えることもできます。この場合は、資金管理、為替管理、税務等を通じ、自らもキャッシュフロー増大に貢献し、リスク管理を行い、さらに、全社の財務関連業務を効率化することでその役割を実現することができます。

財務機能を外部とのコミュニケーション機能を担う部署と考えると、しっかりとした内部統制の下、タイムリーに公正な開示を行うことが求められます。

そして、これらを支えるために、個々人の能力、組織としての能力を高めなければならないことは言うまでもありません。

財務機能の役割に対するこれらの考えは、後に私がＣＦＯになったとき、自らに課した**ＣＦＯミッション**にもつながりました。

仕様書の中身

さて、財務企画部が担う機能を具体的に決め、いわば「設計仕様書」を作るに当たっては、いくつか考慮した点がありました。

前述の四つの財務機能全体の役割に照らし合わせ、その時点で財務機能に不足していた機能を充実させ、一九九九年以降感じていた課題に財務企画部が対処できるようにすることが必要でした。さらに当時、私はＢＤのヘッド、つまり全社Ｍ＆Ａ立案実行の責任者としての仕事を兼務していました。このため、ＢＤの視点も加味する必要がありました。

さらに、財務企画部のような組織を作るということは、財務機能が有事状態にあるということです。**有事は集中**の原則の下、暫定的に責任権限を集中すべきだと考えました。もちろん、暫定組織ですから、課題解決へ向けて軌道に乗ってきた三年後、この組織・機能を発展的に解消し、アカウンティング、トレジャリー、タックスの各機能に埋め込みました。

以下が、財務企画部のいわば設計仕様書の骨子です。

■**財務企画部のミッション**

企業価値増大のために、トップマネジメントのスタッフとして下記の使命を担う。

（1）事業ポートフォリオに応じた最適資本コストを実現すべく、資本政策等の財務戦略を企画立案、実行管理する。

（2）経営・事業ビジョンを定量的な目標に置き換え、その進捗とリスクを管理するとともに、実行を後押しする仕組み（責任権限・インセンティブ制度も含む）を設計する。

（3）適切な税務計画により税務リスクを低減し、企業価値の増大に寄与する。

（4）経営ニーズ・事業ニーズを先取りし、エンプロイアビリティー（雇用されるに足る能力）ある財務パーソンを育成・獲得する。

このようなミッションを掲げたうえで、以下のように、財務企画部が担うべき五つの機能を明示しました。

■財務企画部の機能

（1）全社資本政策の立案機能

資本市場での競争力・ブランド力を資本政策面から向上させるために、財務レバレッジのあり方、配当・自己株取得等株主への還元政策、株式分割施策検討を行う機能です。同時に、将来の大規模なM&Aや資金需要に備えた借入余力（投資余力）をBDとタイアップしながら、定期的にアップデートする機能であるとも位置づけました。

（2）財務機能としての企画機能

外部環境変化やビジネスニーズに基づいて財務機能全体の課題を、常に発掘する機能です。当面の課題として、グループ内資金の集中や、資金調達力の強化、財務リスク（金利、為替といった市場リスク、カウンターパーティーリスクを含む与信リスク、流動性リスク等）のコントロール強化を取り上げました。

背景にあったのは、一九九九年のＲＪＲＩ買収時に経験した資金調達時に直面した課題です。また、当時の日本の金融機関の信用リスク懸念、エンロン、ワールドコム事件がきっかけとなって二〇〇二年秋にグローバルに生じた信用リスクの高まりと、グローバル金融市場の機能不全への対処の必要もありました。

（3）経営管理等の機能

中期経営計画・事業計画の策定とその進捗モニタリング（事業課題の発掘）、事業進捗に応じた責任権限設計と事業評価・インセンティブ設計、連結財務見込みの作成、経理規定の改廃、決算方針作成といった機能です。これらに加えて、人事制度（年金・退職金制度）変更による財務への影響の検討も、無視できないインパクトがあるとして当面の課題に取り上げました。

（4）クロスボーダー税務機能

ＲＪＲＩ買収に伴い、負荷が飛躍的に増えた移転価格税制やＣＦＣルール（タックスヘイブン対策税制）への対処といった国際税制への適切な対処を行い、最適な税務ストラクチャーを検討する機能です。

（5）人材マネジメント機能

財務人材のサクセッション・プランニング（必要な人材の継続的育成計画）、キャリアディベロップメント計画といった人事計画、財務人材に対する研修、非財務人材に対する財務知識の研修、組織開発を担当する機能です。

たばこ事業、医薬事業、食品事業の各事業は、それぞれが人事権を持っていました。そこでサクセッション・プランニングでは、各事業、コーポレート機能のそれぞれと財務企画部とで、キーポジションを合意し、そこに供給する人のパイプラインを共同で検討することを目標としました。

また、キャリア・ディベロップメント計画と組織開発では、高いスキルを有する個がクロス・ファンクショナルに協働することを目指しました。イメージしたのは、プロのオーケストラです。つまり、個々の楽器を見事に演奏する技量を持つ構成員が、一人では奏でることができない音楽を、他の構成員と協働して演奏するという姿を目指したのです。

また、飛躍的に高まった米国会計基準（海外たばこ事業を担っているＪＴＩは二〇〇一年当時、米国基準で決算を行っていました）への深い理解、ＪＴＩとＪＴとの人材交流、英語力の向上といったニーズに応えるために、研修体系や資格取得補助制度の抜本的改革を担いました。

能力と意欲のある若い人材に場を提供する

ところで、これらの機能に魂を入れるために最も大切なこと、それは、誰にそれぞれの機能を委ねるかでした。（1）から（4）までの機能を担う人材として、若く能力と意欲のある人材を三人登用しました。特にそのうちの二人は当時としては大変若かったことから、人事部が難色を示しました。一方、ＪＴは既に、二〇〇〇〜〇一年にかけて、管理職に対して、それまでの資格等級制度による年功序列（本当は、年齢序列だったと言った方が正しいかもしれません）を捨て、職務価値によるポジションの大きさで報酬を決める仕組みを導入していました。

経営企画部時代にこの仕組みに変更することを仕掛け、人事部とともに導入作業を手がけた私の目には、人事部からの難色が新制度を骨抜きにするものに映りました。

「せっかく年功ではない仕組みを入れながら、年齢にこだわるとは何事か」

という思いでした。

新しい人事制度は、違うポジションに異動させることで、成果の上がらない人を実質降格することも可能です。また、チャレンジする場を提供することが人材育成の要諦のはずです。そこで、

「この若い次長たちが成果を上げられなければ、彼らを遠慮なく降格してもらって結構です。そうであれば、自分も成果が上がっていないはずだから、私を降格していい」

と主張し、人事部を説得しました。

（5）の機能である人材マネジメントの機能のヘッドには、連結・単体の同時発表の検討時、大議論した相手である人物にお願いしました。彼とは、いったんは大変感情的な議論になったのですが、自分なりのしっかりとした意見の持ち主でした。財務系の人からの信望もありました。私は彼と、今後の財務機能を展望したうえで、組織開発や人材マネジメントのあるべき姿を共有し、その目標に向かって共に邁進したいと考えたのです。財務企画部発足後、長時間対話を重ね、めざすベクトルを合わせることができました。

変革の方向性を示すリーダーの責務

国内外の財務的課題

二〇〇一年、財務機能の中に新たに財務企画部を作り、組織を率いる役割を担うことになりました。私がまず実行したことは、財務機能全体が今後取り組むべき課題の方向性を提示し、それを財務機能の各部各人それぞれの課題に埋め込んでいくことでした。これは、事業環境の変化、一連のM&Aがもたらしたビジネスの変貌、そして今後、全社として取り組まなければならなくなるさまざまな課題、これらを展望し先取りして、財務機能をどうパワーアップするかという命題に応えるためでした。

二〇〇一年当時を振り返ると、世界的には二〇〇〇年のITバブル崩壊による株式市場の下落とその景気への影響が懸念されていました。日本国内では、一九九〇年代初頭のバブル崩壊以後の、いわゆる「失われた一〇年」以降も続いていた、国内金融機関の不良債権処理のめどが立たず、金融機関のカウンターパーティーリスクが上昇していました。

JTとしても全国のたばこ小売店からの日々の売上代金を、多くの金融機関が取り扱っていましたし、手元現預金を預け入れるためには、当然、銀行との取引が必要でした。そのため、金融機関の破綻リスクを考えずには、仕事ができない状況に直面していたのです。

事業環境も転機を迎えていました。早くから予想していたように、国内たばこ事業における総販売数量が減少に転じていました。大人の嗜好品であるたばこの需要は、二〇歳から六〇歳までの人口の動きに連動して減っていたのです。年二～三％の割合で国内たばこ市場というパイが縮小していく中、競争は激化する一方でした。こういった状況下、国内たばこ事業やコーポレート機能は、競争力を落とすことなく、効率性とコスト削減を追求する必要性に迫られていました。

また、社内では二〇〇五年四月に契約満了を迎えるアルトリア社（当時の世界一のたばこメーカー）との日本国内における「マールボロ」ブランド（世界一のシガレットブランド）のライセンス契約を継続するのか、契約満了とするのかの決断の時期が迫っていました。

既に国内で九％近くの数量シェアになるまでにこのブランドを成長させたのは、紛れもなくＪＴの貢献によるものでした。しかし、ライバルからの借り物のブランド、そして海外たばこ事業では戦っている相手のブランドをどうするのか、大きな岐路に立たされていました。このライセンスをどうするかの決定が、会社のその後に、とりわけ雇用、財務等に大きな影響を及ぼすことは自明だったのです。

一方、一九九九年に九四〇〇億円を投じて行ったＲＪＲＩ買収によって海外たばこ事業は一気に拡大したものの、まだ世界には合従連衡の余地は残っており、早晩、競争会社間で、次のM&Aが起きるであろうとの予想がありました。また、前述のように国内でのたばこ事業量の落ち込みと競争の激化が、さらなる海外での買収を模索する大きなドライビング・フォースにもなっていました。こういったことから、一刻も早く、投資余力を回復するとともに、資金調達力を強化する必要性があったのです。

この頃、九〇年代に行った多角化事業の整理の終盤にさしかかっていました。注力する分野へのさらなる投資原資の確保と、事業整理に伴う資金や会計へのインパクトも考えねばなりませんでした。

財務機能そのものに目を向けると、海外たばこ事業により、アカウンティング、トレジャリー、タックスそれぞれでの組織としてのスキルアップと人材育成・獲得は待ったなしの状態になっていました。また、JTは、完全民営化に向けて法律改正の働きかけをしていました。いつでも国が株式の売り出しができるよう準備をしておくことも財務機能に課せられた課題でした。

当時のJTの経営課題を要約すると、海外たばこ事業の拡大に必要となった多額の借入を早期に圧縮し、事業量が減少する国内たばこ事業からのキャッシュフローを維持することで、次の海外での買収資金を確保し、海外たばこ事業を成長させ、全社の成長シナリオを実現させるということです。もちろん、長期の成長を展望し、医薬事業、食品事業への投資原資確保への目配りも必要でした。

四つの柱で方向性を示す

こうした状況認識の下、財務機能全体として取り組む課題の方向性の柱を打ち出しました。既に、連結決算早期化のプロジェクトが発足し、その検討が進んでいましたので、それ以外について方向性を明確にしました。

第一の柱は、投資余力の拡大でした。

我々の事業の性格に合致した、あるべき資本構成、負債の格付けを検討し、それに基づいた借入の余力を見定めねばなりません。また、その余力が絵に描いた餅にならないよう、機動的な資金調達を行うために必要な調達手段について、スキルと態勢を整えることも必要です。さらに、この取り組みは、ＪＴ株式の売り出しへの対応も視野に入れました。一方、グローバルに見てグループ内に点在、偏在する資金を一元的に管理し、最小の移動コスト（例えば配当への源泉税等）で、国境をまたがって資金移動させることができなければなりません。これによりバランスシート上の手元流動性を最大限投資に振り向けることが可能となるからです。

余談ですが、これは後に、一九九九年のＲＪＲＩ買収以来、ジュネーブにある海外たばこ事業の本社であるＪＴＩのＣＦＯが有していたトレジャリー、タックス機能のレポートラインを変更することにつながっていきます。ＪＴグループ本社のコーポレート機能をどう捉えるかに関わることでもあり重要なトピックスですので、後ほど改めて触れたいと思います。

さらに、有価証券の流動化と事業用以外の不動産売却も視野に入れました。国内では、工場跡地を商業施設として開発し、流通大手に賃貸していました。遊休不動産を含め、我々にとって望ましい条件でこれらの不動産をどう流動化させるかを検討対象としたのです。

この検討は、二〇〇四年に日本で製造業として初めてＪ－ＲＥＩＴ（不動産投資信託）を立ち上げ、フロンティア不動産投資法人として上場させることにつながりました。長年懸案であった商業施設を流動化することができたのです。このＲＥＩＴのマネジメント会社は、二〇〇八年三月、ＪＴから大手不動産会社に譲渡され、現在に至っています。財務企画部を立ち上げたときの、若い次長陣の一人がこのプロジェクトの牽引者でした。

第二の柱は、国内間接業務のコストベース低減でした。国内それぞれの事業所には、物品の調達機能、資金回収と支払い、固定資産管理、会計帳簿への記帳等の財務関連業務がありました。仕事の仕方を抜本的に見直し、国内のこれら間接部門に関わる業務の効率化と、コストダウンを目指しました。

また、コストベースの低減施策として、工場の統廃合や希望退職、そして人事給与制度の変更を想定し、それら施策が年金積み立てや損益等の財務に与える影響を定量的に予測することも検討対象としたのです。

第三の柱は、財務リスクのコントロール強化です。

海外で拡大した事業を支えるために金利、為替といった市場リスク、カウンターパーティーリスクを含む与信リスク、信用収縮を背景とする流動性リスクへの対応強化が急務でした。また、投資余力拡大の観点からは、当時高まっていたカウンターパーティーリスクを考慮して、資金運用の考え方を変更する必要がありました。

第四の柱は、財務人材マネジメントの強化でした。

共感を得ながら各部・各人へ課題を埋め込む

既に述べましたが、財務機能は一九九九年前後の一連の買収により、それに伴うさまざまな課題に全力で取り組んできました。また、会計基準を巡る大きなうねりにもさらされ、連結決算早期化への取り組みも始まっていました。これらの経験が幸いし、今後、一層のパワーアップが必要であろうことを、本社の財務機能に身を置く人間は、程度の差こそあれ認識していました。

この素地を活用し、打ち出した課題の方向性を、財務機能各部の課題、個々人の課題に落とし込むために、経理部長、資金部長（後の財務部長）の協力を得て、部の壁を越えた横断的なタスクフォースを数多く作りました。数が増えた理由は、一つのタスクフォースが、特定のある一つの課題に対するアクションプラン作成に取り組むよう組成したからです。そして、個々のタスクフォースには、それぞれの部レベルや個々人レベルの課題への埋め込みまでを計画してもらいました。

財務企画部という名が示すように、財務機能の企画をすることが仕事であるにもかかわらず、何故このような少し回り道的な手法を取ったのかをお話ししましょう。

いくら旗を振っても、各人が自らの課題に当事者意識を持ってもらえなければ、変革を成し遂げることはできません。それまでの経験で、「私企画する人、あなた実行する人」といった業務分担が、人の当事者意識を希薄にし、モチベーションを阻害する例を何回となく見てきました。

そうなると、自らは燃えることなく、やらされ感で仕事をすることになります。こういった状態は、その個人にとっても組織にとっても、まったく良いことではありません。楽しめない仕事は長続きしませんし、成果もぴかぴかとは言えないものになりがちだからです。

このため、組織が問題を抱え、それを解決しなければならないときに、まずやらなければならないことがあります。それは、事業環境認識、全社が向かっている方向性等状況の認識を共有し、何故それが問題やチャレンジとなるのかを分かりやすく説明し、個々人に理解してもらうことです。何事によらず、理由や目的が分からなければ、人は意欲を持って取り組むことはできないものです。

さらに、それらを解決するために、リーダーとしての責務があります。それは解決の方向性、課題の方向性を示すことです。そして、この方向に進めばよいのだと個々人に共感してもらわなければなりません。事業環境、競争状況、自らのビジネスの構造や実力を熟知しているリーダーだけが、その方向性を指し示すことができるのです。また、リーダーはそうあらねばならないと考えます。これを部下に丸投げにしてはなりません。

組織が変わるために、パワーアップするために最も重要なことは、この方向性に沿って、個々人が一人称で「自分はどうしたいか」と考え、自らのアクションプランにつなげていくことであると思います。三人称で「会社はかくあるべき」といった評論家的態度の意見もよく聞きます。しかし、そう言っている個々人も会社の一員です。

それを忘れ、会社といった、見えるようで見えないものを相手に評論しても、会社も自らも変われません。仕事は楽しいものではないかもしれません。しかし、自分の仕事が会社全体にどう貢献するのかを理解し、自ら考え、これをやらなくてはとコミットしたことに対して、人は意欲を持って取り組むことができるものだと、私は信じています。

状況認識を共有し、課題の方向性を明示し、そのアクションプランとして個々人が課題を考える機会を設定するといったことは、組織を率いるリーダーにとって、変革時に必要となる重要なプロセスです。後に財務機能のリーダーであるCFOになったときも現在も、この考えに変わりはありません。

中期経営計画「JT　PLAN-V」

国内市場縮小、模索した成長シナリオ

二〇〇二年一二月、二〇〇一年のGDP（国内総生産）実質成長率が確定値として

マイナスであったとの報道がなされる中、たばこ税の増税が決定されました。二〇〇二年は、国内たばこ事業では、高齢化進展に伴う想定を上回る総販売数量の落ち込みを記録しており、その中で増税による一層の事業量減を覚悟せざるを得なくなりました。翌年の二〇〇三年の景気についていて期待できるデータも出てきてはいましたが、たばこ税増税決定で、一気に社内の緊張感が高まりました。

さらに、二〇〇五年四月で契約満了を迎える「マールボロ」ライセンスを更新するのか、終了するのかについて、会社として決断する時期にきていました。

「マールボロ」は、当時JTの販売数量のほぼ一二％を占めており、その販売により、JTは五〇〇億円程度の限界利益を得ていたのです。つまり、このブランドがなくなることは、約五〇〇億円の営業利益の喪失を意味しました。この金額は、実に、当時の連結営業利益の約三〇％、連結EBITDA（のれん、償却前営業利益）の約一五％に相当したのです。

契約を更新するか終了するか——。これは非常に難しい選択でした。ライセンスを更新できれば、確かに上記のように利益を確保することができます。しかし、ライセンスを更新するということは、誠実に契約を実施することです。それは、ライバル会社の「マールボロ」ブランドに我々の経営資源を投資し、さらにマールボロを成長させることを意味します。

また、一旦はライセンス契約を更新しても、そのさらに先にライセンス契約を更新できる保証はありません。まるで、風船がどんどん膨らんでいき、破裂する瞬間をびくびくしながら待っている――。そんなふうにも思える状況でした。

一方で、海外たばこ市場では、我々はこのライバルメーカーの世界一のシガレットブランドである「マールボロ」を相手に戦っているという状態でした。このライセンスは、国内外の販売現場へのメッセージ性を考えても、大変よじれた状況にあったのです。

当時の本田勝彦社長は、「マールボロ」ライセンスを契約満了をもって終了するとの決断を内々に下しました。大変重い決断でした。私なりに解釈すると、その決断を支えたのは、常に「自らの将来は自らが拓く」とのぶれない信念であったと思います。

社長直轄プロジェクトを立ち上げる

この決断が下される中、経営企画部と財務企画部は、将来の成長のために抜本的な国内のコスト構造改革を実行し、かつ、国内での成長戦略を描くために、社長直轄のプロジェクトを立ち上げることを検討していました。

平時であれば権限を委譲し、通常の組織や決裁権限で仕事を進めればよいのですが、増税、想定を超える事業量減、「マールボロ」ライセンス終了と、JTが置かれた状況は有事の様相を呈していました。**有事は集中**との原則下、トップダウンで物事を決していかねばならないと考えたのです。

その時点では、経営幹部すべてが、臨場感を持って危機感を共有するには至っていませんでした。増税決定で緊張感は高まったとはいえ、その影響が現実化したわけではなかったからです。こういったときに、有事態勢を敷くのは難しいものです。しかし、時の経営企画部長は信念の人でした。私は執念をモットーとしていました。彼と私の二人で当時の経営幹部を粘り強く説得し、二〇〇三年一月一日、社長を本部長とする直轄プロジェクト「改革推進本部」を発足させました。当時の経営企画部長が現在の小泉光臣社長兼CEOです。

二〇〇三年八月、この改革推進本部の成果物を中期経営計画「JT　PLAN－V」として発表しました。下記がその骨子です。

●計数目標
（一）EBITDA（二〇〇五年度）三六〇〇億円
（二）ROE（二〇〇五年度）七％以上
（三）累積FCF（二〇〇三年度～二〇〇五年度）四五〇〇億円

●主要施策
（一）成長戦略の実現
・伸張シガレットセグメントにおけるシェア反転攻勢
・D－SPEC（低臭気、低副流煙）商品での新カテゴリー創出
・キャメル、ウィンストン等JTI製品の統合

（二）成長のためのコスト構造改革

・国内たばこ製造工場の統廃合

　二〇〇二年度　二二工場を一〇工場に集約

・希望退職募集等の実施

「JT　PLAN－V」期間中に四〇〇〇人の希望退職募集等を実施

・葉たばこ農家の廃作募集

・本社組織、間接部門のスリム化

　本社組織の再編、本社スタッフ三割削減

　国内事業所の間接業務（人事、財務、調達、IT）を新設するビジネスサービスセンターに集約

危機の中でも夢のある改革が必要

危機的状況の中にあっても、人には夢や希望が必要です。人、そして組織は、耐えるだけでは急場はしのげても、元気は出ません。トンネルの向こうに光が見えること

が必要なのです。

つまり、「JT　PLAN－V」では単にコスト削減だけをするのではなく、トップライン成長に夢が持てる成長戦略の実現をもめざしたのです。コスト構造を大胆に改善して時間の猶予を得て、「こうすれば、反転攻勢できる」との希望を胸に、そこに集中的に投資をしていくことが重要だと考えたのです。

これは、一九八五年の民営化、市場自由化直後に、我々を見舞った関税撤廃、五〇%もの大幅な円高を乗り切ったときの教訓でした。当時、大幅なシェア減に見舞われ、損益分岐点割れの不安があっただけでなく、前年度の営業利益が一〇〇〇億円にも満たない状況でした。そのような中で、競争力強化のために約一〇〇億円もの追加販売促進投資を行いました。このときの先輩の英断から学んだことでした。

この教訓からまず、前掲主要施策（一）のように成長戦略を検討しました。その結果、二〇〇二年時点で、縮小している国内たばこ市場にあっても、詳細に分析すると、成長しているセグメントがありました。しかし、残念ながらそれまで我々はこのセグメントで十分なシェアを取りきれていなかったのです。これは、一見悪いニュースに思えますが、そうではありません。自分自身のブランドとのカニバリゼーション（共食い）を気にすることなく、このセグメントに大胆に投資することで、アップサイドだけを大胆に取りにいけることを意味していました。

また、長期間の研究開発の結果ようやく成功した、たばこから立ち上る副流煙の臭いがほとんど気にならない技術を梃子に、商品を差別化し、新しいカテゴリーを創出することによる成長も誓いました。

連結利益が右肩上がりの中でのコスト構造改革

二番目のコスト構造改革に話を移します。狙いの一つは、大幅な損益分岐点の改善でした。しかし、それだけでなく、もう一つの狙いがありました。当時のJT単体の人口ピラミッドは中高年層が大変厚く、そのため、より責任ある仕事を若い人材に委ねることを難しくしていました。合理化は、単なる人減らしではなく、若い後進に道を譲り、育成していくための施策でもあったのです。

二〇〇二年末には前述したように嵐が吹き始めましたが、それまで連結利益は右肩上がりで増えていました。したがって、当初、経営幹部の限られたメンバーで行った議論でも、なぜ今、合理化をしなければならないのかという声が出ました。

しかし、我々、改革推進本部のメンバーの意見は違いました。

「経営に余裕がある間にスリム化をすべし。追い込まれてからでは社員一人ひとりに大変な迷惑をかける」

「これまでの労苦に報いる、しっかりとした退職パッケージで希望退職を提案しよう。後進の人たちは、自分たちの背中を見ている。これまで貢献してくれた人材を軽んじるような退職パッケージは、後々、社内風土に負の遺産を作ってしまう」

「責任を果たすことが経営の役割であり、追い込まれて責任を取ることではない」

こうした考え方で、経営トップと議論をしました。

当時の本田社長にとって、本当に苦渋の決断であったと思います。結論として、国内たばこ製造工場数を二二工場から一〇工場へ大幅削減し、四〇〇〇人の希望退職等（後に追加の施策の結果、六〇〇〇人）を実施することに決定したのです。

また同時に、これだけの人員減を行いながら、仕事に支障をきたさないためのさまざまな施策の実行も必要でした。財務機能が二〇〇一年以来検討してきた、国内事業所の財務関連業務の効率化とコストダウンが、それを担う大きな役割を果たしたのです。

一方、国内たばこ事業向けの葉たばこ原料の約四割は、国内で生産されています。事業量が落ちていく中、葉たばこ耕作者の方にも協力をお願いしなくてはなりませんでした。我々が、大きな痛みを伴う改革を実行することを、葉たばこ農家の方々にも理解いただき、廃作募集を行っていただきました。

最後まで品格を失うことのないよう細心の注意

結果的に、ＪＴ単体の社員数はこの施策前後で、一万七〇〇〇人から一万一〇〇〇人へと大きく減少しました。子会社、グループ会社への就職も斡旋しませんでしたので、連結ベースで見ても同様の人員減となりました。希望退職を募る側も応募する側も互いに最後まで尊厳ある態度、品格を失うことがないよう細心の注意を払いました。この配慮も、将来の企業風土のためには必要なことだったのです。

また、希望退職等により二〇〇四年以降に退職する仲間に対して、再就職の斡旋等を手厚く実施しました。さらに、幸いなことに二〇〇三年春以降、景気が回復基調に推移し、雇用状況が改善してきました。この時期に大胆な施策を打ったことは、結果的に、会社にとっても退職に応諾してもらった人にとっても、本当に幸運でした。

さて、実は発表されなかったもう一つの成長戦略がありました。それは、海外たばこ事業分野でのM&Aでした。

一連の「JT　PLAN－V」の施策の結果、JTグループの投資余力を、少なくとも嵐に見舞われる前の水準まで回復することができました。この成長戦略は公言できない性質のものでしたが、二〇〇三年の終わり頃から具体的な検討に着手したのです。言うまでもなく、それが二〇〇六年一二月のギャラハー買収発表につながりました。つまり、「JT　PLAN－V」なくして、ギャラハー買収はなかったのです。

個人的には、この買収は「JT　PLAN－V」に対する卒業論文であるとともに、会社を去った六〇〇〇人への報告書だという思いを持っています。

経営者の在り方を学ぶ

改革推進本部発足から「ＪＴ　ＰＬＡＮ－Ｖ」発表まで七カ月を要したことから、計画策定のスピード感に欠けるのではないかとの疑問を持つ読者の方もおられると思います。しかし、この計画の内容の重さゆえに、社員をはじめとするさまざまなステークホルダーの皆さんから、この計画に対する十分な理解と前向きな評価をいただく必要がありました。

私はこの計画を含め、過去多くの中期経営計画策定に携わりましたが、これほど社内外とのコミュニケーション、対話に留意したことはありません。ここで、この「ＪＴ　ＰＬＡＮ－Ｖ」の策定プロセスに触れたいと思います。

深夜にまで及んだトップとの議論

改革推進本部のメンバーは、この計画実行を必ず担うことを条件として、国内たばこ事業とコーポレート機能から選ばれた部長、次長級十数人で構成されていました。

ここでも「私企画する人、あなた実行する人」の弊害を除きたかったのです。また、個々の部門内だけの部分最適に陥らないように、クロス・ファンクショナル・コラボレーションによる解決策の提案を目指しました。

最初のステップはメンバー内での問題意識の共有でした。自分たちが置かれている状況を直視し、認識を統一することから始めたのです。また、事業環境の変化をチャンスとして捉え、一〇年を展望して今なすべきことを実行しようという高い志を掲げ、共有しました。

経営トップとの討議は、二〇〇三年一月から四月まで毎週木曜日午後、時間制限なしで行いました。一週間に一つの課題を議論し、必ずその処方箋について、その日のうちに結論を出すことをルールとしました。これを一四週間にわたり行ったのです。課題によっては深夜にまで議論が及びました。

我々改革推進本部のメンバーは、この間、土日返上で議論を行い、毎週、課題の解決代替案を経営トップに提示しました。場合によっては、経営トップに匕首を突きつけるような議論になることすらありました。厳しいスケジュールと議論内容にもかかわらず、精力的に成案を求め続けた、当時の社長、副社長のコミットメントの強さには驚きました。

「一旦、腹をくくった経営者のやり抜く力はこんなに凄いのか」

この経験は、後の自分にとっても大いなる学びでした。

この改革推進本部メンバーでのクロス・ファンクショナルな議論と、経営トップを交えた週一回の意思決定会議のフォーメーションは、その四年後にジュネーブを本拠に行ったギャラハーとの統合委員会と統合事務局の雛型になりました。

また、一連の討議の中で、主要施策だけでなく、この計画を作った後、社員をはじめとするステークホルダーからどのように賛同を得ていくのかも含めて議論しました。社内外のコミュニケーションや研修のシナリオまで討議の中で用意したのです。こういった周到な準備も、ギャラハーの買収、統合において大きなヒントとなりました。

二〇〇三年五月には、社長、副社長が他の経営幹部と経過を共有した上で全国を回り、二五〇〇人の管理職全員と対話集会を開きました。改革推進本部メンバーも同じく全国を回り、一般社員との対話集会に臨みました。

いずれも目的は国内たばこ事業を取り巻いている状況を正直に伝え、状況の認識をすり合わせることでした。よく社内での「健全な危機意識醸成」の重要性が説かれますが、これはさじ加減を誤るといたずらに不安を煽ることにもつながります。しかし、現実を直視してもらうことを優先し、敢えてそのリスクを冒して全国行脚を行ったのです。

二〇〇三年八月初め、「JT　PLAN－V」を対外発表しました。発表からが正念場でした。なぜなら、この計画をいかに正確に社内で共有し、無用の不安を取り除き、事業に邁進してもらうかが計画遂行の要だったからです。再度、社長、副社長が全国を回り、二七回もの対話集会を開き、一般社員を含めて四一〇〇人と対話したのです。

さらに、九月から一二月にかけて、変革リーダー研修を管理職対象に始めました。大規模な人員削減、多くの工場閉場、間接部門の合理化等の厳しい施策、事業環境の悪化、そして他社との競争激化の中で、管理職のより強いリーダーシップが必要だったからです。　参加者の管理職には、自分の三六〇度評価を基に気付きを促しました。

周囲の人が自分をどう見ているのか見つめてもらったのです。そして、参加者一人ひとりが、組織の変革のために、自分をどう変革し、それをどう行動に移すのかの宣言を行いました。

この研修は毎週開講しましたが、当時の本田社長は毎週一回、朝八時から二時間、特別講義を担当しました。「JT PLAN－V」の策定プロセスで行った、数々の重い苦渋の決断はもとより、会社をリードし束ねるために、この管理職研修だけでなく、社員・管理職との度重なる対話集会に対して労苦を厭わない社長の姿からは多くを学びました。この中には、後にギャラハー買収に際して、経営者として為すべき行動への数々の示唆がありました。

逆風の五年間

「JT PLAN－V」なくしてギャラハー買収はなかったことは前に述べたとおりです。そして、その買収検討を始める一方で、「JT PLAN－V」に対する株式市場からの信認、経営の能力への信認が、大規模買収を考えるにあたり、重要な要素であると考えたからです。

ここで、それまでのＪＴの株価推移を少し振り返ってみたいと思います。

一九九四年一〇月の上場後、一九九八年末までは比較的狭いレンジの中で株価が推移していました。一九九八年から一九九九年に行った食品、医薬、海外たばこ事業での一連の買収により、低金利下でリターンを生まない手元現預金を事業資産へ転換したこと、そして利益予想の拡大を市場は好感し、一九九九年八月までの短期間で株価は急上昇し、約二倍になりました。

ところが、一九九八年のロシア経済危機の影響により、買収した海外たばこ事業の利益見込みを下方修正して以降、一九九九年秋には状況が一変しました。株価が急落すると同時に、会社はこんな厳しい批判を受けたのです。

「旧専売公社、親方日の丸の会社に海外事業の経営ができるのか」

これに対し、会社は二〇〇〇年一月末に中期経営計画を初めて公表し、「有言実行」の経営へ舵を切りました。

この二〇〇〇年初めに発表した中期計画で、ＲＪＲＩ買収に伴う海外たばこ事業の統合計画と、一九九九年度から五年後である二〇〇三年度のＪＴグループ連結利益（ＥＢＩＴＤＡ）目標を明示しました。その後、この計画を着実に実行し、ＥＢＩＴＤＡは右肩上がりで上昇していきました。二〇〇三年度には、この五カ年目標で示したＥＢＩＴＤＡ目標額を達成したのです。

しかしながら、二〇〇〇年から二〇〇三年にかけて、株価はほとんど反応しませんでした。業績は上がっているのに株価は上昇しない。「ＪＴ　ＰＬＡＮ－Ｖ」を発表した二〇〇三年八月まで、そういった数年が経過していました。

「ＪＴ　ＰＬＡＮ－Ｖ」発表後、計画を約束どおり実行に移していきました。それに伴い、毎月のように、その具体的な実行内容について発表を行ったのです。その結果、まずセルサイド・アナリストが我々を見る目が変わりました。「ＪＴの経営は変わった」と見てくれるようになったのです。

経営は既に一九九八年から変わってきていたのです。そして、二〇〇〇年以降においても、当時の公表計画をしっかりと実行し、利益（ＥＢＩＴＤＡ）も右肩上がりだったのです。にもかかわらず、一九九九年秋の利益下方修正によって立ち込めた霧が晴れるのに、五年間を要しました。

経営企画部、そして財務企画部で、ＩＲを手がけてきた私にとって、逆風を受け続けたこの五年間の経験は貴重な財産です。信認とは他者からのパーセプションなのです。会社に対する人々のパーセプションが変わるには時間を要し、かつ、受け手から見た情報量がある閾値を超えねばならないということは重要な教訓でした。金融市場、株式市場への大使としての役割を果たさねばならないＣＦＯは、このことを理解しておく必要があります。

ともあれ、「ＪＴ　ＰＬＡＮ－Ｖ」が投資家からの信認を得はじめていたことは、ギャラハー買収につながる大規模買収検討にとっても、大変勇気づけられることでした。

本章のポイント

- ＣＦＯには、経営者、ＣＥＯ（最高経営責任者）の財務面でのブレーン、資本市場や金融市場への大使、財務機能のリーダーという複数の顔がある。このため、ＣＦＯをアカウンティング、トレジャリー、タックス等のエキスパートの単なる延長線上には位置づけることはできない。
- 一九九九年のＲＪＲ買収以降、山積していた財務機能の課題を解決するために、財務企画部を二〇〇一年に新設した。連結決算導入や金融機関の不良債権問題により高まる信用リスクへの対処といった外部環境要因と、ＲＪＲ買収により、グローバル化した事業のサポート、巨額の有利子負債を圧縮し、次の投資ニーズに備えること、財務・税務リスク管理強化、グローバル人材育成・獲得等が喫緊の課題となっていた。

・財務機能を四つの役割（経営トップのスタッフ、事業のパートナー、価値創造主体、外部とのコミュニケーション役）から整理し、部の設計仕様書を定義した。これは、後のCFOのミッションにつながった。

・財務企画部の機能を当時強化が必要だった次の五つとした。

①全社資本政策の立案機能
②財務面での課題を発掘し続ける企画機能
③経営管理機能
④クロスボーダー税務機能
⑤人材マネジメント機能

・財務企画部の最初の仕事として、投資余力拡大、間接部門のコストベース削減、財務リスクのコントロール強化、財務人材マネジメント強化の四つの課題に取り組んだ。経理部、資金部（現在の財務部）と協働し、後日課題に取り組むことになる個々人が参画する、部門横断的なタスクフォースによる検討プロセスを採用。これにより部レベル、個人レベルの課題への埋め込みを計った。当事者意識を鼓舞する取り組みであった。

- 二〇〇五年の契約満了をもって「マールボロ」ライセンス契約を終了するとの社長の決断を機に、経営企画部と財務企画部は抜本的なコスト構造改革の検討に着手。この検討を二〇〇三年一月に社長直轄プロジェクトとして立ち上げ、その成果物を中期経営計画「JT　PLAN-V」として発表した。これは、利益が右肩上がりで伸びている中での大幅なコスト削減計画であり、また、国内たばこ事業の成長戦略でもあった。この計画実行なくしてギャラハー買収はなかった。また、この計画作りのプロセスは、後日ギャラハー統合計画作成にとって雛形となるものであった。

第8章

CFOのミッションとは何か

ミッションをつくる

元気、スキル、協働

二〇〇四年四月、本田社長に呼び出しを受けました。六月からJTグループのCFOとして財務機能全体を率いるようにという内示でした。

門外漢である私がCFOになることに躊躇や不安がなかったと言えば嘘になります。しかし、共に財務部門の変革に協力してくれた経理部長や財務部長の存在、何よりも財務企画部の優れた次長らの仲間に恵まれたことが、その不安を一掃してくれました。

一方、引き続き、全社ＢＤ（ビジネス・デベロップメント）ヘッドとしての仕事も兼務することになり、ギャラハー買収検討を同時に進めたのです。

内示を受けて最初に思い立ったことは、「ＣＦＯのミッションをつくろう」ということでした。理由は、財務機能に集う仲間をリードするため、そして言うまでもなく自分自身を律するためでした。

それまでの三年間の財務企画部での仕事を通じて、財務機能としてのミッションを明らかにする必要を感じていました。しかし、財務機能に集う仲間に対して、「こうしなさい、ああしなさい」といった上からの目線ではなく、自らがＣＦＯとして行動する際のミッションとして宣言したかったのです。ではなぜ、財務機能としてミッションを明示したいと思ったのか。

私はみんなに元気を出してほしかったのです。人は自分の仕事に意義を求める存在です。しかし、日々の仕事に没頭するあまり、自らの仕事の意義や目的を見失うことが往々にしてあります。「何のためにこの仕事をやっているんだろう、毎晩毎晩、残業で大変だ」。こうなると元気が出ません。使命を明らかにすることで、会社や財務機能といった大きな絵姿の中で自分の仕事がどう位置づけられて、何の役に立っているのか、それを理解し、感じ取ってほしい。そう思っていました。

また、自分の仕事を単に墨守することをやめてほしかったのです。個々の仕事はほとんどの場合、何か上位の目的を達成する手段に過ぎません。しかし、仕事に意義を追い求めるがため、逆に自分の仕事を見る目を曇らせ、それがあたかも目的であるかのように錯覚させるのです。さらに、変化を嫌う人間の性が、それを助長します。大きな組織で、大もとの仕事の目的が分かりにくくなればなるほど、このリスクがあります。

そうなると、その仕事を墨守するばかりで、仕事の必要性をゼロベースから見直すことはもとより、より良い方法を仲間と協働して考えるということも難しくなります。ひどい場合には、仕事を後進に教えることすら躊躇させるのです。以前、**似非職人**と私が表現した「自らの技を他人に伝承しないことを自分のステイタスとして利用し、一見、職人気質に見える仕事の仕方」に陥るのです。

ビジネス環境や競争状況は常に激しく変化します。事業はその中で、生き残りをかけて戦っているのです。こういった状況で、己の仕事をただ闇雲に墨守することや、**似非職人**が跋扈することを、会社として許す余裕はありません。

一方で、上位の目的を使命という形で共有することで、個々人がその仕事のプロセスや成果物の改善に向け、考える端緒を提供できるのではないかと考えたのです。さらには、一人では解決できない問題を、同じ目的を共有する仲間と協働して解決しようとする風土作りの第一歩にしたいとの思いもありました。

製造現場を出発点として米国でのマネジメントも経験した私は、日本企業と米国企業の強み弱みを見てきました。それぞれの強みをハイブリッドにした強い組織とは、一言で言うと次のようになるのではないかと考えていました。

元気で高いスキルを持つ個が部門横断的に協働し、より高い成果を追い求める組織

私は、よくこれを、一人ひとりの演奏家がプロである一流のオーケストラが、演奏家個人では演奏できないシンフォニーを仲間と協働して演奏することに喩えます。一流のサッカーチームが時々刻々、状況が変化する対戦相手に対処するため、強靱な個々のプレーヤが仲間と協働してプレーし、最後には勝利をつかむことにも喩えます。

こういったことを考えていた私は、**元気、スキル、協働**の三つの言葉を常に念頭に置いていました。このCFOミッションはその後、JTグループのCFOとしての二年間、強い組織作りをめざして取り組む第一歩となりました。

株主と向き合う基軸

CFOミッションを考えるにあたり、**逃れられない資本の論理**の中で、株主、投資家とどう向き合うかは、経営者としてCFOが自分の基軸を作るための重要ポイントです。

その基軸となったのは、JTが一九九五年以降、経営の基本としてきた主な四つのステークホルダーを取り上げた**4Sモデル**でした。

4Sモデルとは、お客様を中心として、株主、従業員、社会の四者に対する責任を高い次元でバランスよく果たし、四者の満足度を高めていくというものです。

これを、経営企画部時代の一九九八年から、キャッシュフロー経営として、次のように言い換え、社内を啓蒙してきました。

「キャッシュフロー経営とは何か？　これを説明するために、イソップ物語をヒントに、『金の卵を産むガチョウ』の譬え話を用いましょう。単年で『金の卵を産むガチョウ』が産む『金の卵』が大きければそれで良いというものではないですね。ある一年のみ大きな『金の卵』を産んでも、それでガチョウが疲れ切ってしまっては元も子もありません。『金の卵を産むガチョウ』が健康体を保ち金の卵を産み続けてくれるように努力する。そして、できれば一羽より二羽、二羽よりも三羽と増やしていく努力をする。これがキャッシュフロー経営です」

「では、どうすれば『金の卵を産むガチョウ』は健康体になるのでしょうか。言うまでもなく、我々の存立基盤は市場にあります。とりわけ商品市場において、お客様から喜ばれ、感動される商品を提供できて初めて事業が成立します。これを実現できるのは、私たち一人ひとりの人材だけです。そして、企業は社会から生かされている存在です。良き企業市民であらねばなりません」

顧客、株主、社会、組織に集う人材等といったステークホールダーのために企業は存在します。その顧客、社会、人材の満足度を高い次元に到達させバランスすることで初めて、フリーキャッシュフロー創出の能力を増大させることができるのです。それが、企業価値、そして株主価値を長期にわたり増大することにも直結するのです。この関係を念頭にＣＦＯのミッションを作成しました。

ＣＦＯのミッション

二〇〇四年に、それまでの考えや経験を踏まえ、また、先達の考えも参考にしながら作成したのがＣＦＯミッションです。したがって、必ずしも私のオリジナルではないということをお断りしておきたいと思います。

長期にわたりかつ継続的に企業価値を増大するために、以下のミッションを担う。

企業・事業目標を達成するため、価値創造するためのナビゲーターたること

ＣＥＯが、そして事業が成果を上げられるよう、ブレーンとして財務機能の専門性を活用した視点から、提言・手助けをする。

（例）

・事業（ビジネスモデル、事業課題）への深い洞察と事業ポートフォリオの構築

・高い投資規律に基づいた投資計画立案、投資評価の実行

・高品質な意思決定や事業リスク低減に資するタイムリーかつ有用な分析提供とそのインフラ整備

・成長にドライブをかける経営管理・業績評価・インセンティブ制度の構築

自らが価値創出する存在として、財務戦略、経理戦略、税務戦略を構築実行すること財務・税務リスクのコントロール、多様な資金調達と資金コスト低減、財務リスクを勘案した資金運用、および財務機能のオペレーションコスト低減等により、自らもコスト低減と価値創出を実現する

（例）

・事業が産み出すＦＣＦ（フリーキャッシュフロー）に対応した、より低コス

トの最適な資金調達と、CMS（キャッシュ・マネジメント・システム）を通じた投下資本のコントロール

・市場リスク（為替、金利）、与信リスク、流動性リスク等の財務リスクマネジメント

・財務機能の品質・コスト・納期の不断の改善

・適切な税務方針・会計方針の立案・実行

ファイナンシングを常に意識し、資本市場、金融市場等の外部ステークホルダーと対話を通じて、良好な関係を構築・維持すること

（例）

・投資家、市場へのタイムリーかつ正確な情報開示、及びそれを可能とする内部統制等インフラ整備

・エクイティー、デットのストーリーを常に心がけたコミュニケーション

・株主還元策の立案実行

・資金調達能力のモニタリング（資本市場、金融市場のモニタリング、借入余力分析等）

世界に通用する財務人材を育成・獲得すること

・財務機能にとって、将来に向けた基盤作り。また、元気でスキルのある個々人が、部門横断的（クロスファンクショナル）に協働し、成果物（プロダクト）やプロセスを不断に改善できる組織をめざす。

マイナスから出発した組織づくり

ＣＦＯ就任後、ギャラハー買収準備のために、積み残しになっていた課題がありました。それは、一九九九年のＲＪＲＩ買収以来、海外たばこ事業の本社であるＪＴＩのトレジャリー（財務）、タックス（税務）機能と、ＪＴ本体の財務、税務とを統合し、ＪＴグループ全体の最適な機能に再構築することでした。

当時、海外たばこ事業のトレジャリーやタックスの機能は、ＪＴＩのＣＦＯ配下にあり、事業部門内コーポレート機能として設計されていました。これは、海外たばこビジネスへのサポートを最優先するためでした。一方、ＪＴグループ全社のコーポレート機能である財務や税務から見ると、ＪＴＩのトレジャリーやタックスの機能は、間接的なレポートラインとしての存在になっていたのです。このため、グループ全体としてそれぞれの機能を最適化しようにも、東京とジュネーブとの間での連携がなかなかうまくいかず、絶えずトラブルが生じていました。

このままでは、大規模買収時に、買収や統合のリード役になるはずの財務機能が、逆に足を引っ張ってしまうのではないか。私は懸念を抱かずにはおれませんでした。この懸念を理解していただくために、ギャラハーの統合時に、財務、税務が果たした役割に触れておきます。

ギャラハー統合時に財務、税務が果たした役割

ギャラハーと統合する際、財務部は四つのことに取り組みました。

第一は、日本でのCMSと新たな貸付枠を活用し、期中に必要となる資金の喫水を下げ、買収時のブリッジローン返済に充てられる手元資金を最大化することです。第二は、税務と協働しJT／JTIの手元資金を、同じく返済に充当できるようグループ企業内で資金移動させることとです。第三は、このブリッジローンを、可及的速やかに、より条件の良い円、ユーロ等の長期借入資金に変えていくことです。

最後に、ギャラハーが、社債発行により負っていた、情報開示義務やビジネスの重要な変更への制限などから解放されるために、その社債をJTの保証の下、社債発行主体を変更することも重要課題でした。なぜなら、これらを負ったままでは、ビジネス構造の変更に着手できず、統合作業に大きく支障を来すからです。

税務について言えば、最終的な親会社が英国法人から日本法人に代わっただけで、新たに税務面でのリスクが発生します。これを各国の税法、会社法、そして各国間の租税条約を勘案し、JTグループとして税務リスクを限定していく必要がありました。

一方、各国マーケットでの旧JTIと旧ギャラハーの現地法人を統合する際、無用の税務リスクにさらされないよう、各国の現地法人それぞれの統合に合わせて、ビジネスと税務が二人三脚で検討を行う必要がありました。また、その統合が、各現地法人に対する親会社が存在する国、そして最終的には英国、日本での税務に与えるリスクを評価し、ここでも新たなリスクが発生しないように対処したのです。この買収前、JTとギャラハーは、共に世界各国で事業を展開していたため、事業統合する国の数だけ、この検討と対処が必要でした。

以上から、財務、税務面での国内外での密な連携が、いかに事業統合にとって重要であったかを理解いただけたのではないかと思います。

東京とジュネーブとの権限争い

さて、二〇〇四年に戻ります。組織機能を統合し、レポートラインを変更するために、当時のJTIのCFOとその必要性について合意することが必要でした。そんな二〇〇四年夏、当のCFOが日本に出張してきたときのことでした。

「新貝さん、このeメールのやりとりを見てくれ。こんな不毛なやりとりを、東京とジュネーブの間で、トレジャリーもタックスもやっているんだ」

彼はそう言って、メールのやりとりを印刷した分厚い書類を、ドサッと私のデスクに置きました。私はそれらをしばらく熟読した後、顔を上げて彼に尋ねました。

「確かに、こんなやりとりをして、お互いを批判しても何も生み出せない。それで、私にどうして欲しいのか」

「新貝さんと私なら、是々非々ベースでこのメールの内容を吟味できる。二人で解決したい」

「確かに今のこの問題は解決できるだろう。しかし、今後同じようなことがあったら、そのたびに我々二人までエスカレーションさせて、二人で解決することになるぞ。それで良いのか。むしろ、これを期に、東京とジュネーブのトレジャリーとタックスが自律的に課題を解決できるように組織開発すべきではないか」

私は、この対立を奇貨として、レポートラインの変更までやり遂げる意思を固めました。

JTIのCFOとは財務企画部長時代から三年間の付き合いがあり、すでに強い信頼関係を構築できていたことから、その後の議論はストレートで、かつ実りのあるものになりました。

具体的な買収ターゲットはもちろん示すわけにはいきませんが、将来の買収を展望したとき、トレジャリーとタックス機能の負荷の大きさを考えると、当時の東京―ジュネーブ間の連携の悪さでは実行が難しいことをしっかりと彼は理解してくれました。東京、ジュネーブそれぞれにトレジャリーとタックスのヘッドが存在し、権限を争うような状況を改めるために、レポートライン変更が必要であるとの合意を取り付けたのです。

レポートラインを変更するだけで、問題が解決するわけではありません。仕事の成果は人がもたらすのです。一九九九年以降、ギクシャクしていた人間関係を考えると、まず、そのような状態に陥った原因に立ち戻り、対処する必要がありました。

当時から欧米ではトレジャリー、タックスの人材の流動性は大変高く、周到に準備をしなければ、機能を統合し、レポートラインを変更しても、人材が流出して誰もいなくなってしまうことさえ懸念されていたのです。

なぜ、このようなギクシャクした状況に陥ったのか。この解明のために、外部のコンサルタントに、ヒアリングと分析を依頼しました。このコンサルタントとは、以前からＪＴＩの風土改革でお付き合いがあり、当時のＪＴＩのＣＦＯも私も、その手腕を高く評価していました。ヒアリングは、当事者である東京の財務と税務、ジュネーブのトレジャリーとタックスだけでなく、その周辺で共に仕事をした部門に対しても行い、三六〇度評価的に分析をお願いしました。

その結果、大きく三つの原因が抽出されたのです。なかでも最も重要な問題は、共通の戦略的枠組みの欠如でした。つまり、ビジョン、組織目的、目標、それを実現するための施策、そして業務成果の測定といった枠組みについて、共通するものを持ち合わせていなかったのです。それが混乱を招き、連携の取れたアクションが欠如する原因にもなっているとの指摘でした。前にＣＦＯミッションがなぜ必要だったかを述べましたが、ここでも同じことが起きていたのです。

一方、こうした戦略的な問題を話し合うために時間を割いてこなかったことをＪＴとＪＴＩ双方とも多くのメンバーが感じていました。ここに大きな問題があるということは、多かれ少なかれ分かっていたのです。しかし、戦略的な枠組みがない中でも、日々の仕事をなんとかこなしていたことが、問題の先送りにつながっていました。

二つ目の原因は、東京とジュネーブのレポートラインのあり方と、曖昧な責任権限規程に、双方が問題を感じていたことです。

レポートラインのあり方の問題は、JTとJTIそれぞれのCFOの配下に、トレジャリーとタックスが配置されていることから、指示命令がすべてそれぞれのCFO経由になることに由来していました。事業に対してタイムリーにサービスを提供するためにも、財務リスクや税務リスクに機動的に対処するためにも、指揮命令系統の変更が、何らかの形で必要であることを感じていたのです。また、責任権限規程の曖昧さが、日々の業務遂行において、それぞれの権限をめぐり、非生産的な議論を惹起していました。

メールと電話だけのコミュニケーション

三番目は、コミュニケーションの問題です。言葉の問題はありましたが、最大の問題は、お互い顔を合わせる機会が大変少ないことでした。お互いを深く知り合うことなく、メールや電話でのコミュニケーションに終始していたことです。信頼や敬意が生まれるためには、お互いをよく知ることが必要です。このプロセスがなかったため、うまく連携がとれない理由を、カルチャーの違い、日本と欧米の仕事の仕方の違いといったステレオタイプな要因に求めていたのです。

前にも述べたように、強い組織の条件として、高いスキル、元気、そして協働することでより高い成果を目指す意思が必要です。ここで述べた、一番目と二番目の問題は、双方の組織から元気を奪いつつありました。

三番目のコミュニケーションに関わる問題は、協働する意思と元気を萎えさせていたのです。それまでの経験から、ＩＴを手段とするコミュニケーションが効果を発揮するには、その前段でフェース・トゥ・フェースで、しっかりとした人間関係をまず構築することが必要であると考えていました。そのために、頻繁に顔を合わせることが必要だったのですが、そのような機会を積極的に作ることなく日々の仕事に追われていたのです。これでは、仲間と協働するためのお膳立てが出来ていないのも同然でした。

この結果を踏まえ、ＪＴＩのＣＦＯ、コンサルタント、私とで、二日をかけて討議し、戦略的枠組み（特に、統合組織のビジョンと統合の目的）と組織設計の骨子、そして、トレジャリーとタックスの機能を統合する作業の進め方を決めました。ここでも、問題解決の方向性をトップダウンで示すことが必要であると考えたからです。このときの戦略的枠組みは、ＣＦＯのミッションがベースとなりました。

例として、トレジャリーの戦略的枠組みを見てみましょう。ビジョンは「事業とのパートナーシップ、価値を産み出す財務戦略、外部顧客への働きかけ、人材開発、これら四つを通じて企業価値を継続的に向上させる」とし、この四つの要素それぞれで、統合の目的を定義しました。ＪＴＩのトレジャリーの枠組みについては、それまでの事業部門内コーポレート機能から、全社コーポレート機能へとその位置づけが変わるため、サービスの質とスピードを落とさないよう、特に事業とのパートナーシップに留意が必要でした。

組織設計では、ＪＴグループ全社のコーポレート機能として、東京とジュネーブにトレジャリーとタックス機能を持つことを明確に宣言しました。ごく当然のことではありましたが、東京のＪＴ本体だけに全社コーポレート機能があるのではないとの意思表示が、この機能統合に参加するＪＴＩの人材のモチベーション向上に欠かせないと考えたのです。

さらに、トレジャリーとタックス機能のキーメンバーそれぞれ一〇人程度をＪＴ、ＪＴＩから集め、オフサイトでワークショップを開催することにしました。目的の一つは、ここで先の骨子に肉付けをし、目標、その実現のための施策、成果指標（ＫＰＩ）の議論をしていくことでした。しかし、さらに重要な目的は、顔を合わせて討論することで互いをよく知り、文化、価値観の違いを乗り越えて、分かり合おうという気持ちを育むことにありました。

ギクシャクした関係

このワークショップの第一回を二〇〇五年一月末に実施しました。ギクシャクした関係、いわばマイナスからの出発でしたので、コンサルタントとその同僚、そして、統合プロジェクトの事務局機能を担ってくれた社員とで、さまざまな工夫を凝らしてくれました。

下記はその一例です。

- 場を和やかにするためのアイス・ブレーキング
- 議論が発散しないための、ワークショップの目的とその成果物の明確化
- 討議を効率よく進めるための、議論内容を書き込むと成果物が完成する、定型書式(テンプレート)の開発
- ワークショップでの討議原則の明示

特に、この討議原則は建設的な議論のために大切でした。未来志向で討議をすること、個人批判は避けること、過去の出来事を引用したり、その解釈を述べたりする際には、配慮して発言することなどが謳われました。

一日目のアイス・ブレーキング・セッションは今でも鮮明に記憶に残っています。参加者それぞれが子供時代の写真を持ち寄り、自己紹介をしたのです。さすがにそれ

ぞれが工夫を凝らし、自己紹介は楽しいものになりました。お互いを知るためのとても良いスタートでした。私は、赤ん坊時代の三段腹の写真で笑いをとり、中学生時代にミュージカル「サウンドオブミュージック」の舞台に立った写真を使って、子供時代の夢であったオペラ歌手になりたかった話をしました。するとジュネーブのトレジャリーから参加した一人の女性が、お願いがあると言い出したのです。

「新貝さん、その歌を一度聴かせて欲しい」

「これから三日間のミーティングが実のあるものになり、私をその気にさせてくれれば、喜んで歌うよ」

このやりとりで、さらに場の雰囲気が和らぎました。

実際、最終日の夜のディナーで、既に錆び付いてはいましたが、昔取った杵柄、オペラのアリアを披露するほど満足できるワークショップになりました。

日中は顔を合わせて真剣な議論をする一方で、夜は立食パーティー等でリラックスした中で交流する機会を用意しました。互いのことをより深く知り合うための演出でした。二回目のワークショップでは、さらに、チームビルディングのための活動をプログラムに盛り込みました。これらは、コミュニケーション基盤をつくるために必要不可欠な要素でした。

一方、コンサルタントとその同僚は、こういったワークショップにおけるファシリテーションのプロでした。ＪＴとＪＴＩとの間で気まずい関係になっている状況で、実のある議論にするために、彼らの力を必要としました。当時の財務部長は、一回目のワークショップ終了時に、「コンサルタントが機能する場面を初めて見た」と、ファシリテーションのプロの力量に感嘆していました。

一九九九年のＲＪＲＩ買収から二〇〇四年までの五年の間に生じた軋轢を解消し、新たな組織として発足するために、こうした顔を合わせたワークショップを二〇〇六年一月の機能統合までに三回実施しました。確かにコストがかかりましたが、今でも必要な投資だったと確信しています。

多国籍の多様な人材からなるチームを強い組織にするためには、チームビルディングのために、粘り強い努力とさまざまな仕掛けが絶えず必要です。「あうん」の呼吸で仕事をすることがすでにできなくなった日本においても、同様の投資が必要になってきたのではないかと思っています。

財務機能リーダーの実際・国内篇

失われた「飲み会」の良さを取り戻す仕掛け作り

ここからは、ＣＦＯの一面、財務機能のリーダーとして取り組んできたこと、心がけてきたことをお話しします。まずは国内篇です。

前に、多国籍の多様な人材を強い組織にするためには、粘り強い努力とさまざまな仕掛けが必要であると話しました。しかし、すでに、日本の企業でも「あうん」の呼吸で仕事をすることが既に出来なくなっているとも実感し始めていました。「あの資料の、あの数字だけど…」では、通じなくなってきていました。ＪＴでもそのような気配が漂っていたのです。

なぜこうなったのか。バブル崩壊後の失われた一〇年は、インフォーマルで濃密なコミュニケーションの機会が失われた一〇年でもあったからなのです。つまり、それまで行われていた、就業時間後の職場仲間との飲み会に代表される、インフォーマルな交流の機会が、一九九〇年代の人員削減、組織階層の簡素化と、バブル崩壊後の負の資産への対処で、業務が繁忙を極める中、失われていったのです。

私は、過去の日本企業内のチームワークや連携の強さが、このようなインフォーマルなコミュニケーション機会に現れていたと考えています。ところが、これらは必ずしもそう意図せずに行われていました。そのため、業務の繁忙化に伴い、意図せずに行われていた故にこれらの機会は自然消滅していったのです。

単純にお酒を飲みながらのコミュニケーションを復活させよと言っているのではありません。というのは、以前の日本企業内のチームワークは、ともすればそのチーム内だけのものでした。部門横断的なチームワークではなく、部門内あるいはもっと小さい単位だけのチームワークは、時に縄張り意識をもたらし、全社挙げての課題解決の足を引っ張ることすらありました。いわゆる日本語でセクショナリズム、英語で「SILO THINKING」と呼ばれるものです。

前に、強い組織とは、**元気で、高いスキルを持つ個が、部門横断的に協働し、より**

高い成果を追い求める組織であると説明しました。どうせ、それまで意図せず存在していた九〇年代までの濃密なコミュニケーションを失ってしまったのであれば、今度は意図して、部門横断的な協働をも可能とするコミュニケーションの仕掛けをつくってはどうかと考えるのです。もちろん、個々人が飲みニケーションを図ることを否定するわけではありません。

「対話」型コミュニケーションの必要性

話題をJTに戻しましょう。JTでは幸いにも八〇年代のバブル経済崩壊の影響は比較的軽微でした。一九九八年頃まで、国内たばこ事業の事業量は成長していました。そのため、後ろ向きの仕事よりは、むしろ九八年以降の一連の買収により、筋肉を鍛える負荷が飛躍的に増大していました。

しかし、「JT PLAN－V」によって、二〇〇四年以降、それまでの約一万七〇〇〇人のJT社員が約一万一〇〇〇人に減少しました。多くの人が希望退職で会社を去り、管理職をはじめ大きく人が入れ替わりました。また、支店や工場等の財務関連業務を、二〇〇四年夏に新たに設立した財務経理サービスセンターに集約し、同時に財務機能の組織再編を実行したことで、仕事の内容、分担等に大きな変更が起きました。

この財務経理サービスセンターに多くの派遣社員の方が仲間として加わったことも、それまでにない大きな変化でした。一方、財務、税務でのグローバル・コーポレート化への検討も始まっていました。

こういった状況を見て、財務機能をリードするために、「対話」型コミュニケーションの量を増やす必要性を感じました。と言うのは、「あうん」のコミュニケーションが、共通の体験に基づく「文脈」を暗黙に共有して行われるものである一方、現実の財務機能の組織は、人の入れ替わりやグローバル・コーポレート化により、その共通の体験に乏しい組織になりつつあったからです。また、日々の仕事の負荷、仕事観やコミュニケーションの方法論の世代間での違いが、もはや「あうん」の呼吸で仕事をすることを、大変難しくしていたのです。

ここで、「対話」型と書いた理由を説明するために、劇作家、演出家として有名な、平田オリザさんから教わった、「会話」と「対話」の違いを紹介します。

「会話」は、わかり合える人がわかり合える文化を背景として行うコミュニケーションです。わかり合えるからこそ、俳句や和歌を聞いても共感しうる訳です。ただし、分かり合えそうもないと思うと相手を排除する傾向があります。

一方、「対話」は互いに異なる価値観の人の間で、異文化を説明し合うためのコミュニケーションです。異なることを所与の前提として、何が違っているのか、なぜ違っているのか、どうすればわかり合えるのか、これを考えつつコミュニケーションする訳です。対話型社会は、異なる価値観と出会ってもそれを排除するのではなく、互いを理解する努力により、違いを超えた高みに至る喜びを感じ合う社会です。

変わりつつある日本にあって、ＪＴも例外ではありませんが、この異なる価値観、異文化を説明しあう「対話」が重要になってきているのです。

一人称で考える

さて、元気、高いスキル、部門横断的な協働を実現するには、まず元気な個と元気な組織造りが必要です。そこで、まず手始めに、チェンジリーダーとしての役割を担ってもらわねばならない財務系の管理職全員に、財務機能に集う人材（社員、派遣社員）のモチベーション向上のために何をしなくてはならないか、管理職研修会を開催し、考えてもらいました。

議論の進め方として、三人称での「会社は○○をすべき」という評論家的アプローチを採らないようにお願いしました。管理職個々人が一人称で、自分自身が仕事、プライベート双方でどんな欲求をもっているのか、それを実現するために自分なら何を改善し、どうアクションを取るのか、といった視点から考えてもらったのです。それぞれの部下の立場に立った改善策を案出するには、「自分がしてもらいたいように人にしなさい」という金言に立脚することが重要と感じたからです。

また、このアプローチによって、この研修会を、管理職の個々人が何を考えているのかを互いに共有する、またとない機会にしたいとの願いもありました。対話を通してお互いを知り合うことで、**生煮えアイデアでも気楽に相談できる関係**が、管理職の間で強化されることを期待したのです。

この関係が上手く展開すると、お互いを認め合い元気になります。また、互いに切磋琢磨して（マネジメント）スキルを磨くことができます。さらに、共通の「文脈」を醸成し協働しやすくなるのです。その結果、強い組織へと一歩近づくことができるのです。

四回の集中討議を経て、約二カ月間でモチベーション向上の実施案が作成され、二三項目の提言を受けました。その内容は多岐にわたりましたが、以下にその一端を紹介しましょう。

- 会社や組織が向かっている方向性共有の深化（管理職が自分の言葉で語る）
- フェース・トゥ・フェース及びバーチャル（イントラネット）双方での交流の場の増加
- 業務連携をとりやすくするレイアウトへの変更
- 納涼会、決算の打ち上げ等ご苦労さん会（宴会）の実施
- 個々人が一〇年後どうなりたいかを考え、その実現のために必要となる三年計画と

明日からのアクションプランを記述するマイＰＬＡＮ－Ｖの作成
・個々人のキャリア・ディベロップメント・プランの精緻化と、スキルアップのためのメニューの充実
・継続的な改善エンジン定着に向けた改善提案制度の実施
・テーマを月毎に設定した表彰の実施（例えば、良い挨拶をする人、電話の取り次ぎが素晴らしい人）等々

これらをまとめると、次の五点に集約できます。

（１）ビッグピクチャー（全体像）を共有し、個々人の仕事がそれにどう貢献するのかを説明すること。このときの私の役割は、ＣＦＯミッションを分かりやすく解説することだと感じました。
（２）「対話」型コミュニケーションの充実。これを意図したオフィスレイアウト変更や宴会もこの範疇です。
（３）個々人がその将来をしっかり考え、その実現を会社がサポートすること。

（4）「誉めあう」文化の醸成
（5）継続的な改善

これらを提言してくれた管理職の人たちと共に、一つひとつ実行に移していきました。その中でも、注力したのは、やはり「対話」型コミュニケーションの拡大につながる施策でした。つまり、フェース・トゥ・フェースの交流の場を増やすことと、それをバックアップするバーチャルな交流の場（イントラネット・サイト）の立ち上げでした。直接の業務を離れて、お互いを知り合い、知識を共有し、交換する場が、「コミュニティ」と呼ばれているようですが、まさにその「コミュニティ」を多く作っていくことになりました。

「生煮えアイデアでも気楽に相談できる関係」を多くつくる

まず、モチベーションをもじって「もち兵衛フォーラム」と銘打って、金曜日午後から土曜日終日を使い、泊まりがけのオフサイトミーティングを複数回実施しました。

イメージキャラクターも作り、後日、財務機能向けに立ち上げたイントラネット「もち兵衛の部屋」にもそのキャラクターを使い、現在に至っています。

このフォーラムの目的は、職場と違った環境でオフサイトミーティングを実施することにより、財務機能の中で、新しい人間関係をつくること、そして、組織としてかかえている課題、乗り越えていくための問題意識を共有化することにありました。テーマとして、財務部・経理部の将来（夢）について語り合い、その達成に向けてまず「何」をすればいいか考えることを取り上げました。もちろん、CFOミッションも紹介し、個々人の果たす役割にも思いをめぐらせてもらえるように配慮しました。

このフォーラムは希望者の自主参加でしたが、それでも一回に二〇人程度の参加がありました。これを、昔の製造現場での経験から話しやすいように、五人程度の小グループを複数つくり、討議してもらいました。もちろん、答えはあらかじめ用意されていません。各自、自由な視点で議論を進めてもらいました。しかし、そうはいっても、世代の違い、職責の違い、経理、財務、税務といった担当の違いがあり、なかなか議論が進むわけではありません。

このため一計を案じ、オフサイトミーティング開始直後である金曜日の午後一番のセッションは、個々のグループ内で、個々人が自己紹介をするための時間に充てたのです。自分の生い立ち、趣味、今、関心があること、仕事上の悩みなど、なんでも自由に自己紹介をしてもらいました。これはお互いをよく知り合うこと、話しやすい関係作りに役立つと考えたからでした。

最初はどう議論するか戸惑っていた参加者も、「自己紹介ならば」と、生き生きと話してくれました。恐らくテーマからいきなり入ったらこうはいかなかったのではないかと思います。そして、自己紹介がコミュニケーションの障壁を下げてくれただけでなく、この自己紹介への質疑応答から議論が展開したグループもかなりの数にのぼりました。さらに泊まりがけでのオフサイトミーティングであったため、議論を続けたいグループは、自発的に夜遅くまで話し合いを続けました。

繰り返しになりますが、このオフサイトミーティングの究極の目的は、やはり「生煮えアイデアでも気楽に相談できる関係」づくりでした。その意味で、成果（アウトプット）を短兵急に求めるよりは、お互いを知り合うためのインプットが重要であると考えていました。と言うのは、成果はお互いをよく知り合うことにより、日々の仕事の中で上げてもらえば良いと考えたからです。

一方、二〇〇五年六月からは、財務機能向けのイントラネットのサイトを立ち上げました。ここでもＣＦＯミッションの解説や財務企画部長時代から書いていたＷＥＢマガジンを掲載し、会社、財務機能が向かうべき方向を共有しました。また、財務機能のメンバーへの情報伝達、そして、もち兵衛フォーラムや後述する「コミュニティ」活動の掲示板としての活用が始まったのです。このイントラサイトは従業員間の情報交流の場となりました。

自然発生のコミュニティ

さて、「もち兵衛フォーラム」の後、財務機能では二つの自然発生的「コミュニティ」が立ち上がりました。リーダーとしてはうれしいばかりの反応でした。このうちの一つのコミュニティは、以降二年以上の間、活動をつづけてくれました。以下はイントラネットに掲示された二つのコミュニティ活動のメンバー募集の文章です。

〈ＭＭＰプロジェクト参加者募集〉

ＭＭＰって何？と全員の方が思うことでしょうが、「ＭＯＳＴもち兵衛ショナルＰＬＡＹＥＲ」の略です。つまり、「何かお題を決めて、それに対して一番がんばった人をみんなでほめたたえよう！」「そうすることで、明るく活気ある職場にしていこう！」といった仕組みを検討し、実行に持っていくのがＭＭＰプロジェクトなわけです。

さてここからが重要。このプロジェクトメンバーは人任せではなく、皆さんの中からメンバーを募ります。社員、派遣スタッフの垣根なく、「参加したい！」という方はいませんか。意思表示は、掲示板の返信でもいいですし、それがはずかしかったら、メールでも口頭でも結構です。

今している仕事をしながらのプロジェクト参加になりますが、そこはちゃんと管理職に理解を得るようにこちらで段取りしますから、安心して下さい。この内容だけじゃよくわからないや、というところがあれば、もちろん質問も受け付けます。一緒にプロジェクトやってみたい人、待ってます。

〈財務経理を考える会参加者募集〉

中間決算のために長らく中断しておりました「財務経理を考える会」のセカンドステップを開始いたしたいと思います。セカンドステップ開始に先立ちまして、ご参加頂ける方を以下の募集要項のとおりに行いますので参加希望の方は連絡お願い致します。なお、集中的に討議を行いたいと考えておりますので、日程的に厳しくなっておりますが、是非とも振るってご参加下さい。

・財務経理の将来について、真剣に議論したい方

・以下のすべてのスケジュールに参加できなくても結構ですが、欠席した回の議事録を読んでから、次回の会議に参加して頂ける方（欠席時の内容については要望があれば回の間に世話人ができるだけフォローします）

この二つのコミュニティ活動をリーダーとしてスポンサーしたことはもちろんです。コミュニティ活動から成果が次々と出るとベストですが、前述したように、まずはお互いをよく知って、「生煮えアイデアでも気楽に相談できる関係」をつくり、成果が業務や改善提案として生まれるのでも良いのではないかとどっしりと構えていました。

財務機能リーダーの実際・海外篇

「不断の改善」をテーマに会議を招集

今度は、海外篇です。第3章ではJTIの概要や現在の活動について説明しましたが、統合後の二～三年間の取り組みについて振り返ってみます。

二〇〇六年六月、私はスイス・ジュネーブに異動してJTIの副CEOに就任しました。ギャラハーの買収と統合の指揮が仕事のすべてでした。この統合のために、二〇〇八年から二年ほど、JTIのCFOを兼務しました。

当時、JTI本社があるジュネーブには四八カ国から集った五五〇人ほどの社員と、一一カ国の出身者からなる一六人の役員がいました。日本人社員は約一〇%、日本人役員は私を含めて二人だけという多様性に富んだ組織でした。

統合後の二年間、JTI全社の財務機能は、世界各国での旧JTIと旧ギャラハー事業の統合、新JTIへのJ-SOX（内部統制報告制度）導入、旧ギャラハー統合に伴うERP（統合基幹業務システム）展開といった三つの大きな仕事に対処しました。

財務と税務が買収統合で果たした役割の一部は、前に述べたとおりですが、それらに加え、各国の現地法人や工場を巻き込んだ、この三つの大きな仕事が続いたわけです。

旧ギャラハーは、ロシアを中心とするリゲット・デュカット、オーストリア、ドイツ、旧東欧圏で事業をしていたオーストリア・タバック、スペインやカナリー諸島を中心とするシータの三社を買収済みでしたが、買収統合は十分には進んでいませんでした。

ギャラハー本体を含めた四社は給与、賞与という人事制度がばらばらで、一貫したERPもなかったのです。つまり、ギャラハー買収とはいっても、まるで独立した四つの企業グループを同時に買収したかのような状況でした。そのため、経理、財務、税務、経営管理、製造調達などの機能を統合するのは予想以上に大変なことでした。

二〇〇八年一月にJTIのCFOを兼務した段階で、私は三つのことに留意しました。

一つは、ここでも会社や財務機能といった大きな絵姿の中で、自分の仕事がどう位置づけられて何の役に立っているのかを示すことでした。統合作業には大きな負荷がかかり、ともすれば日々の仕事に没頭するあまり、仕事の意義や目的を見失うといった状態に陥る恐れがありました。個々人が疲弊し、元気がなくなることを懸念したのです。

二番目は、買収側であるＪＴＩの驕りが出ないように注意することでした。三番目は、多様性に富んだ新ＪＴＩの財務機能に国内で実績のある**生煮えアイデアでも気楽に相談できる関係**を構築し、多様性がもたらす付加価値を実現することでした。また、旧ＪＴＩと旧ギャラハーの人材間で一体感を醸成することも急務に思えました。

そこで、それまで二年に一回だったＪＴＩのファイナンス・カンファレンスを二〇〇七、〇八年に連続して開催しました。私から参加者一人ひとりに直接、明確なメッセージを伝えたいと思ったからです。〇八年には、世界中から一五〇人を超える財務機能のコアメンバーがポルトガルのリスボンに集結しました。会議のテーマは**不断の改善を通じた価値創造**としました。

テーマ選定の理由は、財務機能の仕事への**不断の改善**の導入が、足らざるを自覚し、謙虚さを醸成し、自己満足や驕りを防止することにつながると考えたからです。また、価値創造はＣＦＯミッション全体を包含する重要な目的ですが、それをかみ砕いて説明することで、個々人が自らの仕事の意義を見つめる良い機会になると考えたからです。

九つの価値ドライバー

価値創造をより具体的に説明するため、私は図表8に示したチャートを作りました。企業価値を高める要素として、次の四つを取り上げたのです。

コーポレート・ファイナンス理論が示す、将来の**フリーキャッシュフロー**、**資本コスト**といった要素、その計算上の価値を全うするために必要となる企業への信頼という**企業ブランド価値**、そして、これらをドライブする**人材**の四つです。

この四つをさらにカスケードダウンし、より身近な九つの価値ドライバーを示すことで、個々の財務人材にとって、自身の仕事との関連をより分かりやすいものにしま

図表８ Value creation through continuous improvement

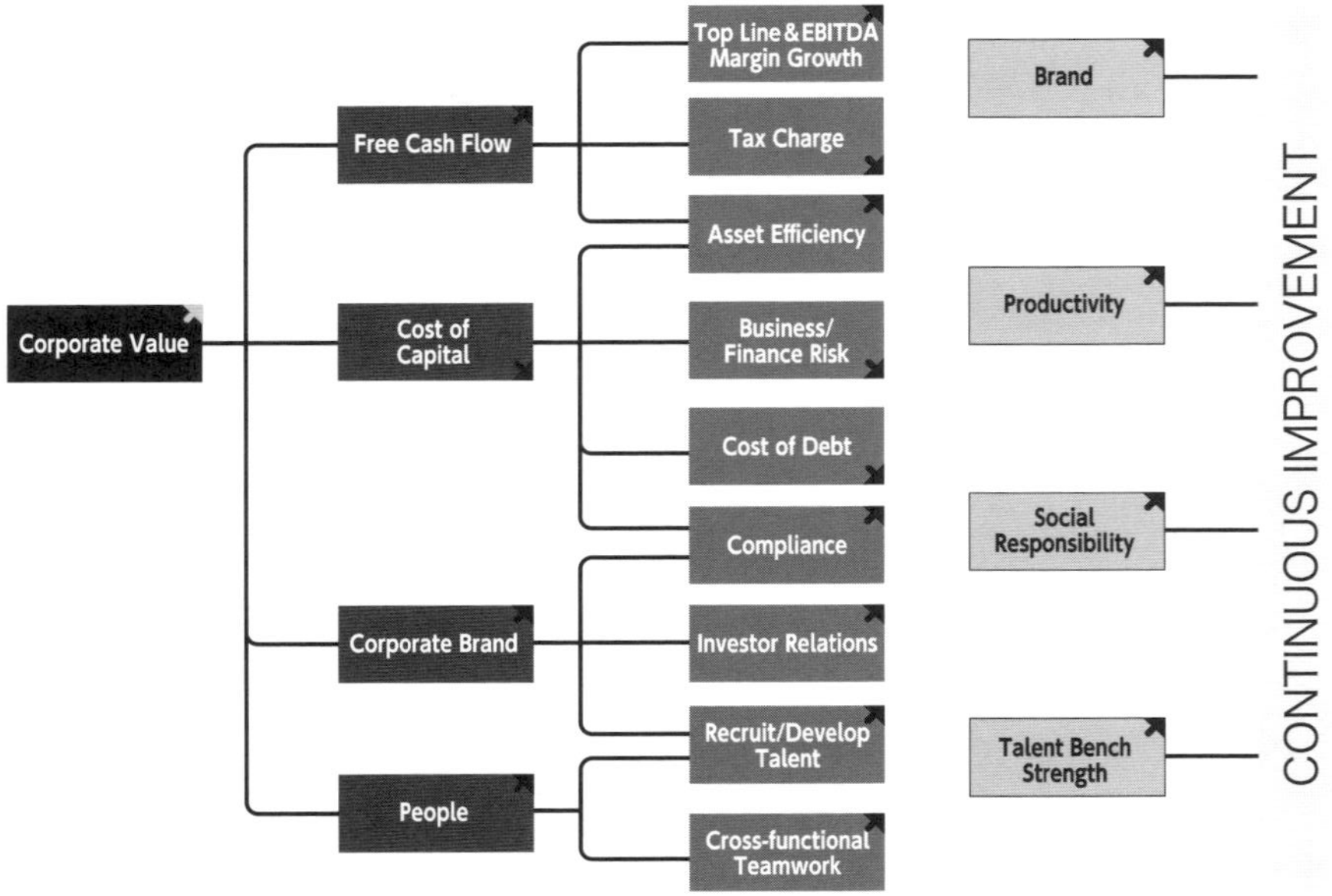

した。また、ＪＴＩ全体が掲げる戦略と不断の改善が、これら価値ドライバーとどう関連するのかについても分かりやすく示しました。

この九つの価値ドライバーとは、売上成長を伴うＥＢＩＴＤＡマージンの向上、税務負担の最適化、資産効率の向上、ビジネスリスク・財務リスクの低減、有利子負債コストの低減、コンプライアンス・内部統制の向上、友好的なインベスターリレーションズの構築、人材育成と獲得、部門横断的なチームワークの向上です。

実際の会議は、次のように組成しました。

（一）**不断の改善を通じた価値創造**のチャートに基づく基調講演で、ＪＴＩの戦略、価値ドライバーの明確化、不断の改善の重要性を説明し、今後の仕事の方向性を明確にする。

（二）次に、価値ドライバーに対して財務機能が果たす役割を明確にするために、このチャートの真ん中の列にある、九つの価値ドライバー項目それぞれと、チェンジリーダーとして自らをどう変革しなければならないかについて、参加者の中から適任者を選定し、さらに掘り下げたプレゼンテーションを行う。

（三）それぞれの価値ドライバーへの理解を深めるために、多くのワークショップを開催し、参加者が価値ドライバーと不断の改善を、どのように具体的に身近な課題に落とし込むかを討議する。

（四）経理、財務、税務、経営管理、製造調達、七地域の事業、それぞれの仕事と現状の課題等を紹介するブースを作り、そこで交流を深め、楽しく互いの仕事を理解できる工夫をする。これは、出席者それぞれが、必ずしもよく知らない自分の専門領域以外のことについて理解することで、協働しやすくすることが目的です。

（五）交流する機会を多く作り、人的ネットワークを広げる。これは部門横断的に協働するために、よく知り合うきっかけを提供するためです。（四）のブースもその役割を担っていますが、例えば、開催日前夜にウェルカム・カクテルとディナーの機会を持ち、打ち解けた雰囲気で会議に臨み、また開催日の中でも全体ディナーを開催し、雰囲気を盛り上げるなど、リラックスした中での出会いの場を多く作りました。

この会議には、三〇以上の国籍の人が集いました。この会議のお膳立てによって、「互いに異なる価値観の人たちの間で、異文化を説明し合うためのコミュニケーション」である「対話」型コミュニケーションを促進しようと考えました。実際、それまで電話やeメールでしか連絡を取り合ったことがなかった人たちが数多くおり、よりよく知り合うきっかけとなりました。

サンクトペテルブルグでの成果

一方、**不断の改善**では、**なぜ**を自らに問い続けることで自分の仕事のより上位、あるいは究極の目的を理解し、それを他部門の仲間と共有する。そして、その目的を達成するために、従来のやり方にとらわれず、より良い方法へアプローチできること、そして部門を超えた協働が可能になることを強調しました。

また、自分の仕事を**見える化**することによってホワイトカラーの仕事の質を高め、さらに衆知を集める契機となり、ここでも協働を促進することを示しました。さらに、**リスクテイクなしにリターンなし**の原則の下、必要なリスクをとる一方で、無用のリスクをとらないために、いかに素早いPDCA（PLAN－DO－CHECK－ACT）サイクルが重要かを力説したのです。そして、これらを**不断の改善**のための方法論のヒントにしてもらったのです。

もちろん、製造現場等ではJTIが発足した一九九九年以降、改善提案に代表される改善運動を実行してきました。また、多様な市場で事業をしていることから、各市場のベスト・プラクティスを本社が吸い上げ、それを定式化し、他のマーケットに紹介するといった販売・マーケティング上の改善も数多く行ってきました。

しかし、財務機能の仕事では、トップダウンで行われた改善である二〇〇四年のERP導入や、財務系間接業務を集約したBSC（ビジネス・サービス・センター）の設立以外には、自らが改善を行うという機運はまだまだ乏しいという現実がありました。これを、自らが改善の主役になるという方向へリードする必要があったのです。

二〇〇九年春、ロシアのサンクトペテルブルグを訪問し、その際、サンクトペテルブルグにある、ＢＳＣに立ち寄りました。サンクトペテルブルグには、ＪＴグループ内で最大規模のたばこ製造工場があり、このＢＳＣは工場と同じ敷地内にあります。

ＢＳＣは、その担当地域にある各国現地法人の会社法上の決算、連結パッケージ用の総勘定元帳作成、連結決算実行、売掛金回収事務、支払い事務、給与支払い、納税等を担当し、名前の通りＪＴＩのビジネスにサービスを提供しています。ＪＴＩでは、クアラルンプール、サンクトペテルブルグ、マンチェスターの三カ所にＢＳＣがあり、それぞれ担当が若干異なるものの、この三つで世界をカバーしています。

サンクトペテルブルグのＢＳＣには一五〇人程度が在籍し、二〇〇八年半ばから**改善提案**や**見える化**といった改善活動を開始しました。開始一年で一二〇件程度の**改善提案**が出され、そのうちの半数が採用され、実行に移されました。**見える化**でも、業務プロセスそのものと、業務ごとの毎月の成果を社員に可視化し、業務プロセス改善に役立てています。

改善の重要性はそれ以前から説いてきたのですが、現地の管理職自らが、「ＫＡＩＺＥＮ」と書かれた本を読んで勉強し、同じ敷地内にあるたばこ製造工場の改善活動からも学んで頑張ってくれました。また、ＪＴＩのイントラネットを介して、ＢＳＣ同士で改善提案を共有しています。

さて、ファイナンス・カンファレンスの後しばらくして、財務機能に集う人材に組織・機能としての自分たちの強み弱みについて、アンケートを実施しました。その結果、浮き彫りになったのは、財務機能内での部門横断的な協働の強化の必要性、個々のスキルを上げるための研修体系の充実、そして、現状打破のためのチェンジリーダー育成のためのトレーニングの三点でした。

部を超えた協働の深化

ファイナンス・カンファレンスのテーマと、アンケート結果、二〇〇七〜〇八年の経済・金融危機がもたらした為替・金利等の市場リスク、流動性リスク、クレジットリスクに対応するという実務的な要請を受け、財務機能を担う本社の部長クラスの六人が、部を超えた協働をどのように深化させるか、オフサイトミーティングを自発的に始めてくれました。彼らは、自分たちができていないことを、ＪＴＩ全社の財務機能に求めることはできないと考えたのです。

二〇〇八年のＪ－ＳＯＸ導入準備で多忙を極めたため、やや足踏み状態になったものの、二〇〇九年二月から精力的にこの検討を推し進めてくれました。その結果、協働するという点において著しい改善がなされ、本社レベルでの素早いＰＤＣＡにつながりました。ＪＴＩは多様な文化や国籍を有する人材に恵まれています。しかも、**元気でスキルの高い**人材を多く擁していると言っても過言ではありません。しかし、その多様性ゆえに、**部門横断的に協働し、より高い成果を追い求める組織**へは、いまだ道半ばです。**生煮えアイデアでも気楽に相談できる関係**を数多く作って、この多様性という財産をフルに活用することができれば、大変強い組織力を持つ企業へと進化できると信じています。

日本でも海外でもリーダーとして、財務機能をリードするアプローチは同じではないかと感じています。既に起きている日本での世代間のコミュニケーションの難しさを克服し、**元気で、高いスキルを持つ個が、部門横断的に協働し、より高い成果を追い求める組織**を作ることができるリーダーは、世界でも通用するのではないかと考えるようになりました。

本章のポイント

- 二〇〇四年からの二年間のJTでのCFOの経験と二〇〇八年から約二年間のJTIでCFOを兼務した経験から、**元気で高いスキルを持つ個が、部門横断的に協働し、より高い成果を追い求める組織**を作ることのできるリーダーは、世界に通用すると考えている。つまりリーダーの中核的役割の一つは、このような組織開発をすることにある。
- コーポレート機能の中でも、とりわけ激しい内外の環境変化に見舞われた財務機能が、仕事における**やらされ感**から脱却し、高いモチベーションを持ってより高い成果を追求するために、自ら変わっていくことを求められていた。この意味でPLAN-V後の国内財務機能、ギャラハー買収後のJTI財務機能が同様の課題を持っていたと言える。

- この課題解決のための第一歩は、会社や財務機能と言った大きな絵姿の中で、取り組んでいる仕事の意義や、何の役に立っているかを、一人ひとりが明確に理解することである。この理解があれば、より上位の目的を達成するために、その達成手段である自らの仕事をゼロベースで見直し改善すること、あるいは、部門内外と協働してより良い方法論を追求する素地ができる。

- 日本で作った**CFOのミッション**は、この財務機能の大きな絵姿を財務人材に明示するために作ったものだ。その内容として、(一)CFOが価値創造のナビゲーターであること、(二)財務機能を駆使し、自ら価値創造すること、(三)ファイナンシングを意識し、対話を通じ資本市場と良好な関係を構築・維持すること、(四)世界に通用する財務人材の育成・獲得、を四本柱とした。

- また、JTIでCFOを務めた際に、企業価値を向上させるための九つの価値ドライバーを示したことも同様の目的であった。
- リーダーがこのような大きな絵姿を示し、課題解決のための場を上手く設定すると、一人ひとりがそれらを実現する施策を立案し、さらに部門横断的に衆知を結集して、より良いPDCAを回すことができる。この一人ひとりが変革に参画し、貢献できる実感を感じ取れる、そして衆知を結集するプロセスが重要である。
- こうして**元気で高いスキルを持つ個が、部門横断的に協働し、より高い成果を追い求める組織**に一歩近づくことができる。この時に忘れてはならないのが、**一人称で考える**こと、そして**対話**型コミュニケーションである。さらに、衆知を集めるために、普段から**生煮えアイデアでも気楽に相談できる関係**を数多く作れるようリーダーが腐心することも必要である。

・これらを登山にたとえると、リーダーが登るべき頂きとその大まかな登頂計画は示しながらも、参画する全ての個々人が、必要となる人的資源、装備、具体的登山ルート、身体のトレーニング等の詳細を、一人称で自ら考え、チームでよりよいものに仕上げ、その実行にコミットするプロセスであると言える。

第9章

CFOはチェンジリーダーである

CFOの出番

CFOの役割を要約すると、**CFOはチェンジリーダーである**です。帳簿や金庫の番人として守りに入るのではなく、企業価値を長期にわたり継続的に向上させるために、CFOは自らを日々新たにしなければなりません。従来のやり方にとらわれずに財務機能に集う人材を通じて成果を上げなければならないのです。

世界が金融危機を経験して間もない二〇〇九年六月、ロシアのサンクトペテルブルクで、ダボス会議のミニ版のような経済フォーラムがありました。私たちは先がよく見通せない世界にいるということを私は感じました。

明るい兆しが見えてきたとはいえ、国や中央銀行といったパブリックセクターの問題は依然残されています。危機対応による各国の超金融緩和政策が近い将来、過剰流動性によるバブルを引き起こさないとも限りません。さらに、変動の激しい商品市場が依然として集中治療室にいる各国経済に与える影響も懸念されます。

私は、リーマン・ショック後の景気回復過程が二番底のあるW字形になる可能性が大きいのではないかと考えていました。しかし、どのような回復過程を取るにしても、**自らの将来を自らが拓く**ために、企業として取らないといけないアクションは同じではないでしょうか。

歴史を振り返っても、このような嵐は必ず収まります。嵐のときにこそ企業として何を為しておくのかが重要です。嵐の状況に一喜一憂することなく、晴れ上がったときに全力疾走できるよう自分の能力を高めておくことです。それは単に減量することではなく、筋肉をつけながら減量することにも似ています。

つまり、こんなときこそ、組織力をはじめ、培ってきた商品ブランド力、品質、人材の能力、イノベーションを育む企業風土をさらに強化するチャンスなのです。イノベーションがもたらすビジネスモデルの変化の可能性に備え、研究開発費に代表される将来の選択肢を拡げる投資は継続しなくてはなりません。さらに、迅速な意思決定を可能にするインフラ投資もしっかり実行しておくチャンスです。

嵐の中では人々の気持ちが萎え、やみくもにコスト削減に走るといった後ろ向きの施策に目が向きがちになるからです。環境が厳しいときにこそ、企業の真価が問われます。また、こういったときだからこそ、有利に投資をすることができるのです。CFOはそれをリードし、後押しをしなくてはなりません。

CFOの四つの役割

第2部冒頭でこう書きました。

「CFOは経営者です。CFOはCEO（最高経営責任者）の財務面でのブレーンです。CFOは財務機能のリーダーです。CFOは資本市場や金融市場への大使です」

最終章ではそれぞれについて、何が必要になっているかを述べたいと思います。

経営者としてのCFOの役割は、変化を機会と捉え、戦略的にリスクを取り、リターンを追求することです。リスクを取らずにリターンが得られないことは自明です。M&AのようなBD（事業開発）の仕事はまさにその典型です。

リスクは比較的簡単に見通せるものから、五里霧中の中、まったく見通せないものまで広がりがあります。リスクテイクのために、リアルオプション、バリュー・アット・リスクなど、さまざまな意思決定ツールが開発されてきました。当然、このようなツールを理解して正しく適用し、取るべきリスクを見極めることは経営者として必要な能力です。しかし、いかなる意思決定ツールも経験則や過去のデータを基にした統計的確率論の限界からは逃れられません。非連続的に世の中が変化するときには、このような統計的手法が役に立たなくなります。

一旦、リスクを取ってしまった後に必要となるのは、むしろ素早い仮説検証やPDCAサイクルです。戦略レベルから日々のオペレーションに至るまでの各階層で、これらのプロセスを構築し、次の打ち手を決めるための機動力を高めることが経営にとって重要となるのです。CFOとしてなじみがある財務リスク（市場リスク、流動性リスク、信用リスク、オペレーションリスク等）のコントロールに機動力が必要であることを思い浮かべていただければ、分かりやすいのではないでしょうか。

二つ目の**CEOのブレーンとしてのCFO**の大きな役割は、CEOの描いたデッサンをCFOが構造計算し、現実に建築可能かどうか吟味し、より良い構造になるよう常にCEOと対話することです。

このためには、企業買収、設備投資、運転資本への投資等において、資本コストを上回るリターンが得られるのか、買収プレミアムを上回るシナジーが得られるのかといった、投資対リターンのぎりぎりの見極めが常に必要です。将来の糧になる研究開発投資や広告宣伝・販売促進投資とリターンの関係を最適化する手法を開発しなくてはなりません。

一方で、資金需要をまかなうために、常に借入余力をモニターし、ファイナンシング能力を研ぎ澄ますことが、構造計算を実行に移すために不可欠です。

ビジネス言語への翻訳能力

ここに、三つ目の、**金融市場や資本市場に対する大使としてのＣＦＯ**の役割にスポットライトが当たる理由があります。財務計数を事業戦略と共にストーリーとして組み立て、対話を通じて、分かりやすく投資家、アナリスト、格付け機関など、外部ステークホルダーに説明する能力を必要とするのです。

セルサイド、バイサイドの知人から話を聞くと、ＣＦＯはこの役割を十分果たしきれていない場合が多いようなのです。理由は、私なりに次のように分析しています。財務人材は、日ごろから共通言語として数字を使用します。そのため、財務機能内では数字が自らを物語ってくれるという利点がありますが、これが逆に仇になっているようなのです。

というのは、この環境が財務計数や財務系専門知識について、ビジネス言語で説明する能力をスポイルするからです。数字の厳密性を追求するあまり、ともすれば説明が本来のストーリーラインから逸脱し、枝葉の説明に入り込んでしまうのです。

これまで国内外で財務人材と共に仕事をした経験では、ビジネス言語で財務系の仕事を語ることができる人材の数は、残念ですが多くはありません。ビジネス言語への翻訳能力を身につけることが、ＣＥＯのブレーンとして、金融市場や資本市場への大使として活躍するために今後ますます必要とされます。

四番目の**財務機能のリーダー**として為すべきことは自明のことと思います。人をリードし、モチベートし、組織力を向上させ、人を通じて成果を上げることです。多様な人材の集うＪＴＩでいかに財務機能をリードするかについて説明し、**不断の改善を通じた価値創造**を示す図表8を紹介しました。個々の財務人材は、このチャートで示した九つの価値ドライバーを向上させるために、日々の仕事に取り組んでいるのです。

しかしながら、日々の仕事にあって、日々の仕事に埋没してしまうと、財務人材はこのことを忘れがちです。仕事の全体像を明示しながら顔を合わせた直接の対話を通じて、それぞれが全体の絵姿の何に貢献しているのかという仕事の意義を理解してもらい、意欲をかきたて、強い組織を作ることこそリーダーとしての責務です。

仕事は一人ではできません。部門横断的な協働への取り組みなしに、より高い成果を上げることはできないのです。嵐の中にあってリスクコントロールに必要な仮説検証の機動性、素早いＰＤＣＡサイクル構築のためにも、この部門横断的な協働がますます重要になってきていると感じています。

嵐のときに

嵐のときに社内で犯人捜しをしている余裕はもはやないのです。**元気で、強力なスキルを持つ個が、部門横断的に協働し、より高い成果を追い求める組織**をめざして、まずは**生煮えアイデアでも気楽に相談できる関係**を数多くつくりたいものです。

さらに、現在のように財務機能それぞれの中で専門性がより高まってきている時代は、かつてなかったと思います。ＣＦＯが会計、財務、税務、保険、コーポレートファイナンス、意思決定ツールなどなどすべてを一〇〇％理解し、ハンズオンで仕事をすることは今や不可能です。どう有能な人材を見出して任せるかが課題となっているのです。

このために、ＣＦＯは人材を開発するためのプログラム、キャリアパスの構築にコミットしなくてはなりません。財務人材がテクニカルなスキルはもちろん、協働して仕事をしていくためのマインドセットを養い、協働を加速するためのスキルをも身につけるようリードしていく必要があります。

二〇〇八年の金融危機によって、新自由主義は終わりを告げたと言われます。また、その原動力となった金融工学を駆使して、金融市場に君臨した金融機関が逆に市場から退場を求められるという皮肉な結果になりました。

金融工学を駆使した金融商品は年々複雑化していきました。リスクの因数分解が専門家でも難しくなった金融商品の登場と、それらを高く評価した格付け機関、顧客の利益よりも自らの利益を優先した金融機関の強欲な行動、そして、みんなで渡れば恐くない式の投資家の投資行動といった要素が、金融危機の原因になったことは、衆目の一致するところだと思います。

では、金融工学は悪なのでしょうか。私は必ずしもそうは思いません。イノベーションが社会の進歩につながると信じるからです。しかし、どのような技術も、使いこなすには社会的な知恵の成熟が必要です。自動車が登場した当初には、自動車自体の安全性や、交通規則は必ずしも整備されていなかったことと同様です。IT技術もいまだに、バーチャル世界のルールを構築できてはいません。

時間はまだかかるかもしれませんが、やがて、世界の経済を持続可能な形で成長させることができる金融市場と、適切な金融統治のルールを作ることができると信じています。それまでの間、**自らの将来を自らが拓く**との志を持ち、この嵐を乗り切り、再び大海原に出航するためのナビゲーターとして、CFOは今後も研鑽を積まねばなりません。

本章のポイント

- CFOはチェンジリーダーである。自らを日々新たにし成果を上げねばならない。役割は四つある。

① **経営者として**のCFOは、変化を機会と捉え、戦略的にリスクを取り、リターンを追求する。

②**CEOのブレーン**であるCFOは、CEOが描いた戦略のデッサンを構造計算し、CEOとの対話を通じて、より良い戦略を構築する。

③**資本市場への大使**としてのCFOは、対話を通じて財務計数と戦略をストーリーとして、分かりやすく外部ステークホルダーへ説明する。

④**財務機能のリーダー**としてのCFOは、人をモチベートし、組織を通じて成果を上げる。

おわりに

ギャラハーの統合計画作成も終盤にかかっていた二〇〇七年七月初めのことでした。JTIのCFOが突然、二〇〇七年一二月末をもって辞めたいと言ってきたのです。CFOのポジションは統合の要です。当時のJTIのCEOだった、ピエール・ドゥ・ラボシェールと副CEOの私で慰留に努めたものの、CFOは「統合での労力を考えると、とてもその任に堪えない」と頑として聞き入れてくれません。結局、慰留は諦めて後任を探すことにしました。ピエールと私で、候補を挙げ二回、三回とミーティングを重ねたある日、彼がまじまじと私を見ていました。

「ピエール、どうしたんだ」

「新貝さん、これだけ社内にCFO候補を探しても、現時点では適任者がいない。今から外部を探していては、統合にとても間に合わない」

「確かにそうだ」

「それで相談なんだが……。新貝さんは、ＪＴではＣＦＯだったね。しかも、ギャラハー買収は、あなたのプロジェクトだ。あなたがＪＴＩのＣＦＯを兼務するというのはどうだろう。勿論、親会社のＣＦＯを務めた人が、ＪＴＩのＣＦＯをするということが異例だということは、よく分かっているつもりだが、もうこれしかない」

ＪＴで財務企画部長をすることになったときと同じく晴天の霹靂でした。しかし、ギャラハーの統合を成功させるためには、ＣＦＯは必須です。そのため、「ああ、これは逃げられないな」と観念しました。一方で、統合時、財務ラインを直接指揮することがいかに大変か、慰留していた当時のＣＦＯが切々と語っていたことが脳裏をよぎりました。

実際、ＪＴＩのＣＦＯを兼務してから最初の一年間は、統合絡みで激務でした。統合の最中でしたので、主要マーケットを訪問している間も、メールが山のように飛んできます。出張先での仕事や会食を終え、ホテルに戻りメールを開くと、すぐに意思決定しないと仕事が滞る案件が私を待っていました。時差のある出張先で、午前二時や三時まで仕事をすることはあたりまえ。しかし、このような有事状態でラインの仕事を持ったことは、私にとってかけがえのない素晴らしい経験にもなったのです。その経験から学んだことを二つ紹介して、筆を置きたいと思います。

グローバル経営とリベラルアーツ

グローバル企業を経営するということは、多様で多彩な人材を引きつけ、その多様な知恵を結集し、成果につなげることに他なりません。第1部でも述べたように、世界の市場は多様です。それぞれの地域、国、地方で文化、習慣、嗜好、経済力、税制、商習慣等が異なり、お客様の行動に大きく影響を与えます。

こういった多様な市場を相手にビジネスをするために、多様な人材の知恵が不可欠です。生まれ育った環境、教育、ジェンダー、人種、宗教、歴史、価値観等といった背景の違いは、同じ物を見ても発想する視点に差をもたらします。こうした視点の違いが多様な知恵を育み、そのような人々の交流がイノベーションにつながるのです。

多様な人材の知恵を結集し、成果につなげるためには、**高品質のコミュニケーショ**

ンが不可欠です。日本人同士のコミュニケーションでも、世代間で上手くいかないことがありますが、母国語が異なる者同士ではなおさらです。ＪＴＩのビジネス共通語は英語ですが、ネイティブスピーカーは限られています。

個々人が使う言葉や表現には、母国語の影響、出身地の歴史、文化、宗教等の背景といった全体像が、あたかも海面下の氷山のように隠れています。その普段は目に触れることがない海面下の氷山が、同じ言葉や表現に異なる意味の広がりをもたらすことが希ではありません。

そのため、グローバル経営では、勢い分かり合えないことを前提に、**説明し合い、分かっていく**能力が必要です。また、意見の押し付け合いや勝ち負けを競うディベートではなく、異なる意見・価値を持っている者同士が、互いに納得するまで話し合い、より高次の結論を出すという**対話する**体力・精神力も併せて具備しなくてはなりません。

では、どうすれば高品質のコミュニケーション力を身に付けられるのか。ヒントはリベラルアーツを学ぶことにあると考えています。海面下の氷山を感じることができるからです。

以前、グローバル人材に必要な要素を主要国の大学生相手にたずねたアンケート結果を見て驚いた覚えがあります。日本人学生の回答は、外国語能力、世界事情の知識、海外旅行の順でしたが、ドイツ人学生は、視野の広さ、社交性、外国への関心と答えていたからです。私には、ドイツの学生の考え方が人間として頼もしく思えました。

リベラルアーツを学ぶことで、もちろん世界事情の知識を増やすこともできます。しかし、グローバル人材として活躍するには、知識だけでは不十分です。年々大きく地殻変動が起きる世界にあって、広い視野と高い視座を持ちながら、世の中を俯瞰し行動することが求められているからです。リベラルアーツを学ぶ意義は、まさにこの要請に答えることにあり、自分の頭で考えることのできる多様な指針を獲得することにあるのです。

関心、敬意、信頼、協働

米国時代に気がつき、トレジャリーやタックスのレポートライン変更やギャラハー統合を通じて確信したことがあります。それは、**関心なくして敬意なし、敬意なくして信頼なし、信頼なくして協働なし**という、謂わば当たり前の原理です。

協力関係＝協働は何もないところからは生まれません。互いの信頼こそが協働の礎です。どういう人と協働したいかと尋ねれば、「信頼できる相手」と、ほとんどの人が答えるはずです。では、信頼はどうやって培われるのか。それは、相手に敬意を感じることから始まると考えています。

レポートライン変更のために開催したオフサイトでのワークショップで、初めて東京とジュネーブのトレジャリーやタックスのメンバーが一堂に会したときのことは印象的でした。それまでいがみ合っていたメンバー同士が、顔を合わせて交流することで文化的背景の違いから生じていた誤解に気づき、お互いをよく知るにつれ、相手のことを肯定的にとらえるようになりました。

また、自分にないものを相手に見いだし、それが敬意につながっていきました。さらに、議論の中で、他者の発言に敬意を感じたことも多々あったようです。そうして、敬意を感じることで、チームとしての信頼関係が築かれていく様子が目に見えて感じ取れました。

また、国内での「もち兵衛フォーラム」といったオフサイトミーティングでも、同様のことを目撃しました。普段同じ職場にいても交流が少ない、あるいは世代が離れている人同士が、このフォーラムでの自己紹介を経てお互いのことをよく知ることで、互いに関心をもつようになったのです。これがきっかけとなり職場での交流が一層深まりました。お互いをよく知ること、すなわち、互いに関心を持つことから始まる敬意醸成、信頼関係の構築といった一連のプロセスを、オフサイトミーティングへの参加者は、その経験から見いだしました。

前述のリベラルアーツを学ぶことも、多様な人材が集まる場で、仲間に関心を持つきっかけになります。また、学んだことが共通の話題として、関係性を深める触媒にもなるはずです。さらに、お互いの海面下に隠れた氷山を理解していれば、無用な誤解は避けられたかもしれません。

マザー・テレサは**愛情の反対は、憎しみではなく、無関心である**と説いています。

関心があれば相手を大切に思う、そして敬う気持ちにもつながり、相手にもその気持ちが通じます。

これまでの国内外での多様な人たちとの交流が、この**関心なくして敬意なし、敬意なくして信頼なし、信頼なくして協働なし**といった、ごく当たり前の基本動作を地道に実行する大切さを教えてくれました。激務ではありましたが、ギャラハーの統合時、JTIのCFOを兼務することで、本当に多くのことを学びました。「苦労は買ってでもせよ」とは、よく言ったものだとつくづく思います。

さて、私はこのギャラハーの買収を、計画段階から買収交渉、統合に至るまで、ハンズオンでリードしました。これまで述べたように、自ら推進すると決めたものからは逃げられないと覚悟していたからです。買収が大規模になり、会社の命運を左右すればするほど、この覚悟は大切です。

とは言え、正直、苦しかったことはたびたびありました。そのようなとき、いつも心の中でつぶやいていた言葉がありました。それは、彫刻家の平櫛田中氏のあの有名な言葉でした。


「いまやらねばいつできる。わしがやらねば誰がやる」

この言葉が、私に強い気概を与え、背中を押し続けてくれたことは、ギャラハー買収にとって幸いであったと言えます。

ＪＴグループの略年表

1784　オーストリア・タバック（後にギャラハーが買収）がジョセフ２世皇帝によって認可される。
1857　トム・ギャラハーが北アイルランドで事業を始める。
1874　ＲＪＲがジョシュア・レイノルズによってノースカロライナで設立される。
1898　日本専売局が国内葉たばこ独占販売のために設立される。
1913　「キャメル」が発売される。
1949　日本専売公社が設立される。
1954　「ウィンストン」が発売される。
1955　ギャラハーがベンソン＆ヘッジスを買収する。
1956　「セーラム」が発売される。
1956　国産初のフィルター付き製造たばこ「ホープ」が発売される。
1968　ギャラハーがアメリカン・タバコ・カンパニーに買収される。
1969　国産初採用のチャコールフィルター付き製造タバコ「セブンスター」が発売される。
1977　「マイルドセブン」が発売される。
1984　日本たばこ産業株式会社法が制定される。
1985　４月、日本たばこ産業株式会社設立。日本のたばこ市場が海外メーカーに開放される。
1986　輸入紙巻たばこの関税無税化。
1992　マンチェスター・タバコ（英国）を買収。
1993　政府保有株式の第一次売り出し（売り出し価格143万8000円）。
1999　米国のＲＪＲナビスコ社から米国以外のたばこ事業を取得。
2005　「マールボロ」製品の製造・販売のライセンス契約が終了。
2007　ギャラハーを買収。
2008　加ト吉の発行済み株式の過半数を公開買付けで取得。
2013　エジプトの大手水たばこメーカーを買収。
2014　英国の大手電子たばこ会社を買収。

著者あとがき

　この本のベースは、二〇〇九年三月から六月まで十六週間、日経ビジネスオンラインに連載した「危機の中で明日を拓くＣＦＯ〝新論〟」です。この連載は、ギャラハー買収後の統合でまだ忙殺されていた二〇〇八年九月初めに、当時、日経ビジネスオンライン編集長の廣松隆志さん（現日経ＢＰ社執行役員）に執筆を口説かれたことがきっかけでした。当初、二〇〇九年一月からの連載というお話でしたが、連載執筆を受諾した直後に起きたリーマンショックが、すべてを変えてしまいました。

　ギャラハー統合の真っ最中に、世界中を信用不安が覆い、為替が大きく動き、世界各国の財政状態は一気に逼迫しました。世界中でお客様は財布の紐を締めにかかりました。二〇〇八年一二月に作成した二〇〇九年ＪＴＩ事業計画の前提は、全くと言っていいほど現実から乖離し、二〇〇九年一月から再度、既に始まっている二〇〇九年度（一月～一二月）の事業計画を作り直さねばならないほどでした。

連載原稿執筆に取り組んだのは、そういった時期でした。連載開始を二カ月遅らせることでなんとか約束を守ることができたものの、連載を請け負ったことを本当に反省しました。毎週、日本時間の月曜日午前零時に記事がアップされるため、出張からジュネーブに帰ってきて執筆が待っている週末は、気持ちが重かったように記憶しています。しかし、根っからの前向き人間である私は、つい最近まで当時の苦しさをほとんど忘れていました。

昨年夏に、日経BP社編集委員の黒沢正俊さんから、この本の執筆依頼を頂いた際もその記憶は遠い昔のことのようにぼやけていました。聞くところによると、現在は早稲田大学大学院ファイナンス研究科客員教授で、永らく米系投資銀行でM&Aのアドバイザリー業務を担当された服部暢達さんから黒沢さんに、連載を基に本が出せるのではないかとのアドバイスがあったように伺っています。

「賢者は歴史に学び、愚者は経験に学ぶ」という言葉があるように、経験談をまとめてどれほど読者の皆さんのお役に立てるのか迷いました。というのも、買収は十人十色だからです。

一方、折からの日本企業による海外企業買収件数の大幅な伸張の結果、過去二、三年、買収後経営について私の経験を熱心に聞いて下さる方が増えていました。黒沢さんの言葉巧みな勧誘もあり、「役に立つかどうかを判断するのは読者の皆さんだ」と割り切り、いざ執筆を開始するとなかなか筆が進まず、一気にあの二〇〇九年の悪夢のような日々が甦りました。

元々、工学部出身の私は、学生時代に論文を論理的に書く訓練を受けたことはあっても、読み物として魅力ある文章を書く能力を磨いてきませんでした。この数カ月、自らの乏しい文才に呆れはてる日々を送ってきたのが実情です。とは言え、本書が海外企業買収を検討されておられる実務家の方、また、その勉強をしようと考えておられる方に、なにがしかの示唆を提供し、日本企業の一層の国際化に貢献できれば、それに勝る喜びはありません。

最後に、企画から編集にわたり、黒沢さんとライターの和田勉さんには大変お世話になりました。お二人から叱咤激励を受けるとともに、その討議から執筆する活力をいただきました。また、和田さんには、日経ビジネスオンラインの連載から、第2部を再構成していただきました。さらに、この本を書くきっかけを作って下さった服部暢達さんにもお礼を言わねばなりません。そして、文章チェックを含め裏方仕事を一手に引き受けて下さった咲田真理子さんには本当に感謝しています。ありがとうございました。

二〇一五年六月

新貝康司

■著者略歴

新貝康司（しんがい・やすし）

JT代表取締役副社長。1980年、京都大学大学院電子工学課程修士課程修了後、専売公社（現JT）へ入社。JT America Inc.社長、財務企画部長、財務責任者(CFO)などを経て、2006年から2011年まで、日本、中国以外のたばこ事業の世界本社であるJapan Tobacco International社(ジュネーブ)の副社長兼副CEOを務める。その間、ギャラハー社買収と統合の指揮を執る。2014年からリクルートホールディングス社外取締役。

JTのM＆A

日本企業が世界企業に飛躍する教科書

2015年6月23日　第1版第1刷発行
2017年4月4日　第1版第6刷発行

著　者　新貝 康司
発行者　村上 広樹
発　行　日経BP社
発　売　日経BPマーケティング
〒108-8646　東京都港区白金1-17-3　NBFプラチナタワー
電話　03-6811-8650(編集)
03-6811-8200(営業)
http://ec.nikkeibp.co.jp/

装丁　岩瀬　聡
制作　アーティザンカンパニー株式会社
印刷・製本　株式会社廣済堂

ISBN978-4-8222-5094-2